Hamburger Rechtsstudien

herausgegeben von Mitgliedern der Rechts- und Staatswissenschaftlichen Fakultät der Hamburgischen Universität

Heft 2

Die „Hamburger Rechtsstudien“ erscheinen
in zwangloser Folge und sind einzeln käuflich

Bisher sind erschienen:

Heft 1.: Der Begriff des Versicherungsfalles in der Seeversicherung. Von Dr. F. Alexander Bene. Groß Oktav. 75 Seiten. 1928. RM. 4.50

Die Bedeutung des Interesses
für die
Veräußerung der versicherten Sache

von

Dr. jur. Hermann Heinrich Elkan

Hamburg
Friederichsen, de Gruyter & Co. m. b. H.
1928

Diese Arbeit ist als Doktordissertation
von der Rechts- und Staatswissenschaftlichen Fakultät
der Hamburgischen Universität angenommen worden

Druck und Einband von J. J. Augustin in Glückstadt und Hamburg

Inhalt.

II. Teil:
Die Bedeutung des Interesses für die Frage, welche Erscheinungsformen der Veräußerung den Erwerbereintritt zeitigen.

(Kasuistische Durchführung des gefundenen Prinzips.)

Literaturverzeichnis.

1. Kommentare.

a) aus dem Gebiet des BGB.

Oertmann, Bürgerliches Gesetzbuch. 3 u. 4. Aufl. Berlin 1910.
Planck, Kommentar zum BGB. 4. Aufl. Berlin 1913.
Reichsgerichtsräte, Das Bürgerliche Gesetzbuch mit besonderer Berücksichtigung der Rechtsprechung des Reichsgerichts. 5. Aufl. Berlin 1923.
Staudinger, Kommentar zum bürgerlichen Gesetzbuch. 9. Aufl. München, Berlin Leipzig 1925.

b) aus dem Gebiet des Versicherungsrechts.

Hager-Bruck, Reichsgesetz über den Versicherungsvertrag nebst dem zugehörigen Einführungsgesetze vom 30. Mai 1908. 5. Aufl. 1926. (Bruck).
Ritter, Das Recht der Seeversicherung, ein Kommentar zu den Allgemeinen deutschen Seeversicherungsbedingungen. Hamburg 1922. (Ritter.)
Gerhard-Hagen, Kommentar zum deutschen Reichsgesetz über den Versicherungsvertrag. Berlin 1908.
Domizlaff-Liebig, Die Allgemeinen Versicherungsbedingungen für Feuerversicherung.
Josef, Reichsgesetz über den Versicherungsvertrag. Berlin 1908. (Josef.)
Schneider, Reichsgesetz über den Versicherungsvertrag. Berlin 1908.
Sprinz, Das Reichsgesetz über den Versicherungsvertrag. Berlin 1926.
Zehnter, Reichsgesetz über den Versicherungsvertrag. München 1908.

2. Lehrbücher und Monographien.

a) Bürgerliches und Handelsrecht.

Crome, System des deutschen bürgerlichen Rechts. Tübingen und Leipzig 1900.
Dernburg-Kohler, Das bürgerliche Recht des Deutschen Reiches und Preußens. Halle 1910.
Dernburg, Lehrbuch des Pandektenrechts.
Düringer-Hachenburg, Lehrbuch des Handelsrechts.
Endemann, Lehrbuch des Bürgerlichen Rechts. 9. Aufl.
Lehmann, Lehrbuch des Handelsrechts.

b) Aus dem Gebiet des Versicherungsrechts.

Bartmann, Streitiges zu §§ 69—72 VVG. LZ. 1913 S. 830.
Baumgarten, Zu § 69 VVG. Mitteilungen der öffentlichen Feuerversicherungsanstalt. 1911 S. 515ff.
Blumhardt, Der Übergang der Versicherung infolge Eigentums- und Besitzwechsel. Zeitschrift für Versicherungswissenschaft 1909 S. 440ff.
Burchard, Der Einfluß der Veräußerung einer versicherten Sache auf das bestehende Versicherungsverhältnis. LZ. 1911 S. 329ff.
Cahn, Der Wechsel des Interessenten im Rechte der Schadensversicherung. Freiburg—Mannheim 1914.
Domizlaff, Finden die §§ 69—74 VVG. nur auf die Eigentumsveräußerung Anwendung oder sind sie auch mittels ausdehnender Interpretation bei ähnlich liegenden Veräußerungen anzuwenden? Wirtschaft und Recht der Versicherung. 1913, S. 135ff.
Gierke, (Julius), Versicherungsforderung bei Veräußerung der versicherten Sache. Diss. Berlin 1899.

Giese, Ansprüche des Käufers aus dem Versicherungsvertrag. Diss. Berlin 1898.
Ehrenberg, Versicherungsrecht, I. Leipzig 1893. (Ehrenberg.)
—, Das Interesse im Versicherungsrecht. München-Leipzig 1915. (Ehrenberg, Interesse.)
Framhein, Die Herbeiführung des Versicherungsfalls. Diss. Hamburg 1926.
Heine, Versicherungsrechtliche Erörterungen. LZ. 1915. S. 209ff.
Hellweg, Der Einfluß des Gefahrüberganges auf den Versicherungsvertrag. Mitt. d. öff. Feuerversicherungsanstalten 1920 S. 5ff.
Josef, Zum Begriff der Veräußerung der versicherten Sache LZ. 1911 S. 372ff.
—, Der Brandfall zwischen Auflassung, Übergabe und Eintragung. Zeitschrift für Versicherungswissenschaft. 1909 S. 244ff.
Kisch, Handbuch des Privatversicherungsrechts. München 1922.
—, Der Tatbestand der Veräußerung der versicherten Sache.
Körner, Rechtliche Stellung des Erwerbers bei Veräußerung der versicherten Sache. Leipzig Diss. 1913.
Kroemer, Die Veräußerung der versicherten Sache. Diss. Greifswald 1914.
Rakely, Der Zeitpunkt des Eintritts des Erwerbers in das Versicherungsverhältnis. Mitt. d. öff. Feuervers. Anstalten. 1913 S. 146ff.
Sieveking, Gemeinschaftsversicherung. Diss. Hamburg 1926.

3. Gesetze und Materialien.

Allgemeines Deutsches Handelsgesetzbuch. (ADHGB.)
Protokolle zum ADGHB. Würzburg 1858.
Allgemeine deutsche Seeversicherungsbedingungen von 1919. (ADS.)
Allgemeine Versicherungsbedingungen für Feuerversicherung von 1867.
Allgemeine Versicherungsbedingungen für Feuerversicherung von 1910.
Bürgerliches Gesetzbuch (BGB.).
Handelsgesetzbuch (HGB.).
G. m. b. H.-Gesetz.
Genossenschaftsgesetz.
Erbbaurechtsverordnung von 1919.
Reichsgesetz über den Versicherungsvertrag vom 30. Mai 1908. (VVG.)
Code de commerce.
Codigo commercial (Portugal).
Codigo de commercio (Spanien).
Wetboek van Koophandel (Holland).
Marine Insurance Act.
Schweizer Bundesgesetz über den Versicherungsvertrag vom 2. April 1908.
Materialien zu den ADS. (Herausgegeben von Bruck.) Hamburg 1919.
Motive zum VVG. enthaltend: E. 1907, Begründung, Kommissions- und Reichstagsberichte.

4. Zeitschriften und Entscheidungsversammlungen.

Z. f. Vers. Wiss.	=	Zeitschrift für die gesamte Versicherungs-Wissenschaft.
Z. f. Vers. Wes.	=	Zeitschrift für Versicherungswesen.
W. u. R.	=	Wirtschaft und Recht der Versicherung.
LZ.	=	Leipziger Zeitschrift für deutsches Recht.
Hans. R. Z.	=	Hanseatische Rechtszeitschrift.
H. G. Z.	=	Hanseatische Gerichtszeitung.
Mitt. öff. FVA.	=	Mitteilungen der öffentlichen Feuerversicherungsanstalten.
Ver. AFP.	=	Veröffentlichungen des Aufsichtsamts für Privatversicherung, Berlin.
Seuff. Arch.	=	Seufferts Archiv.
Seuff. Bl.	=	Seufferts Blätter für Rechtsanwendung.
RGE.	=	Entscheidungen des Reichsgerichts in Zivilsachen.
ROHG.	=	Entscheidungen des Reichsoberhandelsgerichts.
JW.	=	Juristische Wochenschrift.
Recht	=	„Das Recht“.

Urteilssammlung des Hamburgischen Seminars für Versicherungswissenschaft.

§ 1.

Einleitung.

Angesichts der gesetzgeberischen Überproduktion, die die Nachkriegsjahre uns gebracht haben, ist in letzter Zeit der Ruf nach Rationalisierung der Gesetzgebung immer lauter geworden. Diese Forderung geht aus von der Erwägung, daß unter der Fülle der Gesetzgebung naturgemäß ihre Güte und Übersichtlichkeit leiden muß. Das Aufwertungsrecht wird kommenden Generationen ein warnendes Beispiel sein.

Mangelhafte und mißverständliche Gesetzesvorschriften gibt es zur Genüge auch aus früheren Zeiten, und nicht immer ist nur Übereilung bei der Formulierung an den Mängeln schuld. „Um ein mangelhaftes Gesetz kristallisiert sich eine unübersehbare Fülle von Rechtssprüchen, um diese eine kaum mehr zu zählende Menge von Erzeugnissen des Schrifttums", und von vielbändigen Kommentaren. Typisch für Ursache und Folgen ist in dieser Beziehung der § 69 des Versicherungsvertragsgesetzes von 1908. Seit Inkrafttreten des Gesetzes sind diese Vorschriften, die die Veräußerung der versicherten Sache betreffen, dauernd Gegenstand grundsätzlicher Meinungsverschiedenheiten gewesen, — ja schon 1898 finden sich in der Arbeit Julius von Gierkes zum alten HGB. dieselben Streitfragen, die auch heute noch Gegenstand der Kontroverse sind.

Es ist Aufgabe dieser Arbeit, zu zeigen, daß der Widerstreit der Meinungen in diesem besonderen Fall — wie in allen gleichgelagerten — hervorgerufen ist durch einen an falscher Stelle eingegangenen Kompromiß. Mit Recht bezeichnet Schlegelberger[1]) den Kompromißgedanken als das Kennzeichen des gesamten öffentlichen Lebens der Gegenwart; „leider auch das Kennwort der gegenwärtigen Gesetzgebung. Kompromiß nicht nur im Rechtsgedanken, Kompromiß auch in der Fassung der Norm, der Sprache des Gesetzes. Man will der Rechtsprechung einen möglichst weiten Raum lassen, und verwechselt dabei die Elastizität der Norm mit der Verschwommenheit des Ausdrucks. Wer die Geschichte der einzelnen Gesetze kennt, weiß, daß in der übergroßen Mehrzahl der Fälle diese Unklarheit des Ausdrucks... sich aus der Vorgeschichte erklärt."

Der Erfolg ist, wie immer, so auch beim § 69 VVG., daß jede Partei aus der Unklarheit des Gesetzes bis zur Erschöpfung des ganzen Instanzenzuges im Prozeßwege Nutzen zu ziehen sucht. Daraus ergibt sich, ein alles Maß übersteigendes Anschwellen höchstrichterlicher Rechtsprechung, und die weitere sehr gefährliche Folge, daß eine aus seiner bekannten formalistischen Einstellung heraus vorgenommene Ausdeutung durch das Reichsgericht die Rechtsprechung praktisch festlegt, und in die hierdurch vorgezeichnete Bahn drängt, so daß tatsächlich das Reichsgericht — wie es auch in diesem Falle unverkennbar ist — gesetzgeberische Funktionen ausübt.

---

[1]) Zur Rationalisierung der Gesetzgebung, JW. 1928 S. 29.

Nicht weiter verwunderlich, aber um so unhaltbarer ist denn auch die Politik, die Oberste Gerichte im Jahre 1927 zu treiben gezwungen waren. Wir finden nämlich (weiter unten im Einzelnen zu erörternde) Urteile, welche die bisher vertretene Auslegung ausdrücklich aufrecht erhalten, — jedoch im Sinne der gegenteiligen Anschauung entscheiden, — weil jene die des breiteren Publikums sei, und das Gesetz einer klaren Auslegungsregelung ermangele. Also nicht einmal höchstrichterliche Rechtsprechung vermag bei mangelhaften Gesetzen ein Präjudiz für umstrittene Auslegungen zu schaffen, wenn eine starke Opposition vorhanden ist. Auch im Falle des § 69 VVG. haben die Widersprüche, die die grundlegenden Reichsgerichtsentscheidungen herausgefordert haben, nur erreicht, daß jetzt die Obersten Gerichte ihrerseits zu Kompromissen greifen. Abhilfe kann jetzt nach 20jährigem ergebnislosen Streit nur dadurch geschaffen werden, daß man die kranke Wurzel selbst entfernt.

Gründliche Reform des § 69 VVG. aufs Neue zu fordern, ist der Zweck dieser Arbeit.

I. Teil.

Die Bedeutung des Interesses für den Zeitpunkt des Eintritts des Erwerbers in den Versicherungsvertrag.

§ 2.

Der Begriff der Veräußerung.
(Im bürgerlichen und im Versicherungsrecht.)

1. Den Vorschriften über die Veräußerung der versicherten Sache liegt folgender Tatbestand zugrunde: Der Versicherungsnehmer veräußert die versicherte Sache an einen Dritten. Was wird aus dem Versicherungsvertrag? An und für sich müßte er endigen, weil ein Vertragsverhältnis nur besteht zwischen dem Versicherer und dem bisherigen Eigentümer, dessen Ersatzbedürfnis jetzt aber entfallen ist. Der Erwerber hat jedoch mit dem Versicherer noch keinen Vertrag abgeschlossen. Weil es aber im Interesse des Geschäftsverkehrs möglich sein muß, die Sache dauernd unter Versicherung zu halten, hat das Gesetz diesem Bedürfnis dadurch Rechnung getragen, daß es für den Fall der Veräußerung den Eintritt des Erwerbers ipso iure in den alten Versicherungsvertrag zwingend bestimmt. Allerdings mit gewissen Kautelen für den Versicherer, wie Anzeigepflicht, einmonatliche Kündigungsfrist und eventuell sogar fristloses Kündigungsrecht wenn in der Person des Erwerbers Gründe vorhanden sind, aus denen heraus sein Eintritt als Gefahrerhöhung anzusehen ist[1]). Alle diese Folgen der Veräußerung bleiben bei der vorliegenden Arbeit unberücksichtigt. Es soll nur die Frage untersucht werden: Was versteht das Gesetz unter Veräußerung der versicherten Sache?

2. Seit Inkrafttreten des VVG. ist dieses Problem in Rechtsprechung und Schrifttum streitig, denn an einer Definition des Begriffs „Veräußerung" fehlt es im Gesetz, eine Lücke, die Auslegung erfordert, weil der Veräußerungsbegriff des bürgerlichen Rechts nicht ohne weiteres auf das Versicherungsrecht übernommen werden kann.

Die Frage spitzt sich also zu auf eine Erfassung des Zeitpunktes, in dem der Erwerber in das Versicherungsverhältnis eintritt. Die eine Meinung vertritt den streng formalistischen Standpunkt: Veräußerung = Eigentumsübertragung. Die andere dagegen — im Hinblick auf die wirtschaftliche Bezogenheit des ganzen Versicherungsrechts — sucht den Begriff nach wirtschaftlichen Gesichtspunkten zu ermitteln unter Berücksichtigung der Grundlagen und des Sinnes des Versicherungsvertrages.

3. Im BGB. wird unter Veräußerung immer „die rechtsgeschäftliche Eigentumsübertragung unter Lebenden durch Einzelnachfolge" verstanden

[1]) Wenn z. B. der Erwerber bereits wegen Brandstiftung vorbestraft ist.

Es wird also nicht auf das Kausalgeschäft abgestellt, das im Sprachgebrauch häufig als Veräußerung bezeichnet wird, sondern auf die dringliche Erfüllung durch die der Gegenstand aus dem Eigentum des einen in das des andern übertragen wird. Der Ausdruck findet sich im BGB. in den §§ 135, 314, 353, 445, 571, 888, 923—936 und 1242. Die Auslegung ist unbestritten[1]).

§ 3.

Abgrenzung des Versicherungsvertrages vom Schuldverhältnis des BGB.

1. An und für sich ist nun der Versicherungsvertrag kein heterogenes Gebilde, sondern stellt nur einen der Vertragstypen der Schuldverhältnisse dar, obwohl er in einem besonderen Gesetze geregelt ist. Wenn aber dieses Gesetz nur eine lex specialis zum BGB. ist, so bedarf es einer Begründung für die Weigerung, eindeutige und anerkannte Begriffe der lex generalis auch dort gelten zu lassen.

Die Möglichkeit solcher Abweichungen erkennt das Reichsgericht in seinem Urteil vom 28. April 1914 an[2]). Bei der sorgfältig redigierten Fassung des VVG. sei zwar grundsätzlich der Sprachgebrauch des BGB. beobachtet worden. Von dieser Annahme könne nur abgewichen werden, wenn aus dem sonstigen Inhalt und insbesondere aus dem System des Versicherungsvertrages zwingende Gegengründe nachzuweisen wären. — Eine Extensivinterpretation wird also überall da für zulässig erachtet, wo eine wörtliche Auslegung bezw. Übernahme bürgerlich-rechtlicher Begriffe dem Charakter des Versicherungsrechtes widersprechende Ergebnisse zeitigen würde. Alle Schuldverhältnisse des BGB. haben als gemeinsames Merkmal eine Lieferungsverpflichtung zum Gegenstand. Im Rechtsleben pflegt man als Gegenstand des Vertrages allerdings die zu liefernde Sache zu bezeichnen. Dieses Vorgehen ist aber nicht ganz folgerichtig, denn die Sache wird zwar vom Vertrage betroffen, aber erst mittelbar, insofern als sie der Gegenstand der Lieferungsverpflichtung ist. Es empfiehlt sich daher mit Gierke[3]) zwischen mittelbarem und unmittelbarem Gegenstand des Vertrages zu unterscheiden. Unmittelbarer Gegenstand ist die Leistung, mittelbarer die zu leistende Sache.

Auf den Versicherungsvertrag angewandt, ergibt sich, daß die Leistungsverpflichtung dort bedingt ist — und zwar aufschiebend bis zum Eintritt des Versicherungsfalles. Unmittelbarer Gegenstand des Versicherungsvertrages ist also eine eventuelle Leistung, die am besten als „Einstehen“ bezeichnet wird.

Ebenso wie im allgemeinen Schuldrecht die Leistung: eine Sache, auf die sich die Leistung bezog, als mittelbaren Gegenstand bedingte, so hat

---

[1]) Vgl. Crome I § 74; II, 3; Dernburg, I § 112 III; Endemann I § 62 Anm. 19 und III § 16 Anm. 23; Oertmann, § 571 Anm. 2; Planck, I S. 185; Staudinger, § 571 B 1; Komm. d. RGRäte, § 571, 2; Cahn, S. 17; Bruck, § 69 Anm. 1 und Vorwerk S. 19.

[2]) RGE. Bd. 84 S. 409ff.

[3]) Julius v. Gierke, Versicherungsforderung bei Veräußerung der versicherten Sache. Diss. Berlin 1899 S. 19.

man jetzt, wenn man nach dem mittelbaren Gegenstand des Versicherungsvertrages fragen will, festzustellen, für welchen Gegenstand der Versicherer einsteht. Diese Frage „worauf bezieht sich die Ersatzpflicht?“ rührt an den Sinn und den Zweck des Versicherungsvertrages überhaupt, — ja sie ist im Grunde gleichbedeutend mit der Frage: was heißt „ich versichere mich?“

Zweck der Versicherung ist das Vermögen des Versicherungsnehmers vor möglichem Schaden, d. h. Verminderung oder Belastung zu schützen. Nicht vor jeder Verminderung, sondern nur vor einer solchen, die dadurch entsteht, daß die versicherte Sache in ihrem Wert vermindert wird, — und zwar auch nur dann, wenn die Verminderung infolge ganz bestimmter Ereignisse (des sogen. Versicherungsfalles) eintritt. Der Wert, den die Sache im Vermögen des Versicherungsnehmers darstellt, soll diesem erhalten bleiben, — gleichviel was auch der Sache zustößt.

Dieser Wert ist nichts Absolutes, er ist subjektiv bestimmt durch eine Beziehung des Versicherungsnehmers zu der Sache. Der objektive Wert, der häufig aus dem Begriff des Marktwertes abgeleitet wird, ist nichts anderes als eine Einheitsbezeichnung für eine große Anzahl übereinstimmender subjektiver Werte.

Wenn der Versicherungsfall eintritt, geht diese wertvermittelnde Beziehung dem Versicherungsnehmer verloren; da der Wert aber einen Geldbetrag darstellt, so kann der Wert der Beziehung ersetzt werden und dieser Ersatz ist der Gegenstand des „Einstehens“; — das, wofür der Versicherer nach dem Vertrage einzustehen hat. Die Beziehung ist aber nichts als ein Sammelbegriff für alle rechtlichen Verhältnisse zwischen Mensch und Sache. Diese rechtlichen Verhältnisse vermitteln dem Subjekt seinen Wert der Sache. In dem Beziehungssubjekt entsteht somit eine wirtschaftliche Einstellung zu der Sache. Diese wirtschaftliche Einstellung, die zusammengesetzt ist aus der Beziehung und dem durch diese vermittelten Werte, nennen wir das Interesse des Subjektes an der Sache. Die wirtschaftliche Einstellung ist nicht die Beziehung, sie beruht nur auf ihr. Sie ist andererseits auch nicht gleichbedeutend mit dem Wert; dieser zeigt nur ihre Höhe an.

Das Interesse wird geschützt, es ist versichert, für seinen Ersatz (nicht: Erhaltung) hat der Versicherer einzustehen; es ist daher der mittelbare Gegenstand des Versicherungsvertrages.

Vergleicht man dieses Ergebnis mit dem Gegenstand der Verträge des bürgerlichen Rechts, so zeigt sich als grundlegender Unterschied, daß dort eine körperliche Sache, ein Erscheinung aus dem Reich der Realitäten Gegenstand der Obligation ist, hier dagegen ein wirtschaftliches Verhältnis. Der Unterschied ist für die Bedeutung der Veräußerung ein grundlegender.

Im BGB. ist maßgebend die Sache an sich, also die Rechte der Vertragschließenden an ihr; der Begriff der Veräußerung muß dort auch notwendigerweise abhängig sein von dem Übergang des Eigentums als der allein bedeutsamen Rechtstatsache.

Im Versicherungsrecht können reine Rechtshandlungen dagegen keine Rolle spielen. Sie regeln zwar die Beziehung, auf Grund deren der Wert vermittelt wird, und deshalb wird im Allgemeinen das wirtschaftliche Interesse der rechtlichen Beziehung folgen. Es gibt aber gerade im Laufe einer Veräußerung Interessenlagen, die nicht im Einklang stehen mit der rechtlichen Beherrschung der Sache. So ist es möglich, daß der Erwerber der Sache bereits vor dem Übergang des juristischen Eigentums ein entstehendes Interesse hat, und umgekehrt.

2. Das Interesse als positive Kehrseite des „möglichen Schadens" ist an und für sich nicht an die rechtliche Beherrschungsform gebunden. Der maßgebende Faktor für das Bestehen des Interesses ist vielmehr das Vorhandensein eines Wertes, um den das Vermögen des Interessenten durch den Eintritt des Schadens verringert werden kann. Es war schon gesagt worden, daß dieser Wert nicht, wie Ehrenberg es tut, kurzerhand mit dem Interesse identifiziert werden darf, sondern daß er nur dessen Höhe angibt[1]).

Die Veräußerung der versicherten Sache hat zur Folge, daß das Interesse an der Erhaltung des durch sie verkörperten Wertes vom Veräußerer auf den Erwerber voll übergeht. Dieser Übergang braucht aber nicht — wie der eines Rechtes — auf einmal und vollständig stattzufinden. Es ist vielmehr für die vom Wert des möglichen Schadens abhängige Beziehung zwar nicht begriffsnotwendig, aber möglich und häufig zu beobachten, daß sie sich im Verlaufe solch einer Übertragung allmählich verringert, — sowohl der Höhe, als auch der Art nach. Man kann geradezu von einer Spaltung des Interesses reden.

Das Eigentümerinteresse hat man sich zusammengesetzt zu denken aus einer Reihe von Unterinteressen. Das lastenfreie, unbeschränkte Eigentum vereinigt die größte Anzahl solcher Interessen. Wie aber das Eigentümerinteresse des Verpfänders z. B. geschmälert wird, um das Verwertungsinteresse, so wandert von dem Veräußerer einer Sache ein Interesse nach dem andern ab, je weiter die Erfüllung der Veräußerung fortschreitet.

Diese Spaltung des Interesses beruht auf der engen Beziehung zwischen Interesse und Gefahrtragung.

3. Allerdings betonen Kisch[2]) und Ritter[3]) mit Recht, daß das Interesse unabhängig von einer es bedrohenden Gefahr vorhanden sein kann, daß insbesondere die Gefahr nicht die Bedingung (Voraussetzung) des Interesses ist. Diese Erkenntnis trifft aber die Gefahr nur insoweit, als unter ihr das die Sache bedrohende Ereignis verstanden wird. Es erhellt ohne weiteres, daß ein Interesse vorhanden und versicherbar ist, auch wenn die ihm zu-

---

[1]) Ehrenberg Bd. I S. 8 hält das Interesse einerseits für die Beziehung, andererseits für den Wert derselben, eine Definition, die eine gedankliche Unmöglichkeit birgt und die mit schuld ist an der noch heute in der Rechtslehre zu erkennenden Undeutlichkeit und Verschwommenheit des Interessebegriffs. Ein wirtschaftlicher Faktor, wie das Interesse, kann nicht zweierlei einander ausschließende Bedeutungen haben. Ist er gleichbedeutend mit der — die Schadensmöglichkeit bergenden — Sachbeziehung, so kann er unmöglich auch den Wert des durch diese Beziehung auslösbaren Schadens bedeuten. Der Wert des möglichen Schadens ist vielmehr nichts anderes als der Maßstab für die Höhe des Interesses, — denn es ist klar, daß das Interesse an einem Gebäude ein weit höheres ist als das an einem Stein (einfach auf Grund des Wertes), obwohl der Art nach beide Interessen die gleichen sein können, nämlich Eigentümerinteressen.

[2]) S. 204 205 und Bd. II S. 88.

[3]) Vorbem. III, 3.

grunde liegende Sache einer Gefahr nicht ausgesetzt erscheint. Etwas ganz anderes ist es jedoch, wenn der Wert — subjektiv für den Versicherungsnehmer gesehen — deshalb nicht gefährder erscheint, weil sein Fortfall oder seine Verminderung nicht das Vermögen des Versicherungsnehmers schädigen würde, weil nämlich dieser eine Gefahr nicht zu tragen hat. „Der Versicherer verpflichtet sich, Schäden zu ersetzen in Form der Übernahme einer bestimmten fremden Gefahr"[1]). Daß die Gefahr das Vermögen des Gegenkontrahenten, wenn auch nicht tatsächlich bedroht, so doch bedrohen **kann**, muß daher nach allem Vorhergesagten Voraussetzung für das Interesse sein, wobei unter Gefahr die Schadensmöglichkeit verstanden wird. Wo aber eine Gefahr nicht zu tragen ist, d. h. Vermögenswerte nicht beschädigt werden können, besteht vielleicht eine rechtliche, aber niemals eine wirtschaftliche Beziehung, also auch kein Interesse. Derjenige also, der die Gefahr nicht zu tragen hat, ist auch nicht Interessent. Daraus ergibt sich, daß das Interesse der Gefahrtragung zu folgen hat, und nicht dem Eigentum. Da aber nach den Vorschriften des BGB. der Grundsatz casum sentit dominus durch viele Ausnahmen — besonders während der Abwicklung einer Veräußerung — durchbrochen ist, ergibt sich die Möglichkeit, ja Notwendigkeit, in vielen Fällen der Veräußerung das versicherte Interesse als vom Eigentum losgelöst, und in sich gespalten, anzusehen.

Dieser Erwägung trägt das holländische Wetboek van Koophandel Rechnung, indem es in § 263 bestimmt, daß im Falle der Veräußerung die Versicherung zugunsten des Erwerbers läuft (selbst ohne Übergabe der Sache), nachdem die Gefahr auf ihn übergegangen ist.

Das deutsche Recht muß der irreführenden Gesetzesfassung zum Trotz zu einem ähnlichen Ergebnis gelangen, denn immer kann nur ein Übergang des **Interesses** für das Versicherungsverhältnis so erheblich sein, daß der Eintritt eines neuen Gegenkontrahenten notwendig wird. § 69 regelt lediglich eine Ausnahme vom Grundsatz des § 68, daß bei Fortfall des Interesses Ristorno des Vertrages eintritt. Die Vorschrift soll Folgendes ausdrücken:

Grundsätzlich wird der Vertrag gegenstandslos, wenn das versicherte Interesse in der Person des ursprünglichen Versicherungsnehmers entfällt; wenn aber das Interesse auf Grund eines Rechtsgeschäfts mit dem bisherigen Interessenten in der Person eines andern entsteht, so soll dieser in den Vertrag eintreten können.

§ 4.

System der Begriffsfindung.

1. Es muß also in erster Linie Aufgabe der Arbeit sein, den Begriff zu erfassen und fest zu umreißen, den das Gesetz mit dem Ausdruck „Veräußerung" hat treffen wollen. Ein solcher Begriff wird immer in doppelter Hinsicht der Abgrenzung bedürfen. Auf der einen Seite ist die Frage zu klären, wann die Veräußerung als abgeschlossen — d. h. als „vollendet" — zu gelten hat, also die Frage nach der Rechts- oder Wirtschaftslage, die

---

[1]) Ritter, Vorbem. III, 3.

das Gesetz kennzeichnen will, wenn es ein Ereignis „eingetreten" nennt. — Andererseits hat dann die kasuistische Durchführung der gefundenen Formel dergestalt zu erfolgen, daß man die einzelnen Arten und Abarten des Begriffs (also hier: der Veräußerung) daraufhin prüft, ob sie die Elemente enthalten, die als für ihn notwendig erkannt wurden.

Für die Bedeutung des Begriffs „Veräußerung" hat das VVG. Anhaltspunkte nicht gegeben. Die von der Veräußerung ausgelösten Folgen sind vielmehr die einzige Handhabe, auf die Rechtsnatur des an sich abstrakten Begriffes zu schließen.

Es ist zunächst nach diesen Folgen zu fragen. Fernerhin wird unter Berücksichtigung der ratio legis der Zeitpunkt zu suchen sein, in dem diese Folgen eintreten müßten, — dem Wesen des Versicherungsvertrages gemäß. Der Rechtslage, durch die dieser Zeitpunkt bestimmt wird, ist der Begriff: „Veräußerung der versicherten Sache" gleichzusetzen.

Vorschriften über die Veräußerung der versicherten Sache finden sich im VVG. in den §§ 69—74, in den ADS. §§ 49—50, und im HGB. §§ 899—1000. Die Regelung ist überall die gleiche, jedenfalls soweit sie für diese Untersuchung in Frage kommt. Ergänzt werden diese Bestimmungen allgemeiner Art durch Sondervorschriften für die einzelnen Zweige der Versicherung:

für die Hagelversicherung §§ 114, 115 VVG.
für die Viehversicherung §§ 128 VVG.
für die Transportversicherung §§ 142, 143, VVG.
für die Haftpflichtversicherung §§ 151 Abs. 2 VVG.

Von einer Berücksichtigung dieser Einzelvorschriften kann jedoch abgesehen werden, weil sie für die Begriffsfindung keine neuen Gesichtspunkte bieten.

2. Die an die Veräußerung der versicherten Sache geknüpften Folgen sind diese:

Der Erwerber tritt in die während der Dauer seines Eigentums sich ergebenden Rechte und Pflichten ein; das bedeutet:

R e c h t zur Geltendmachung der Entschädigungssumme.
P f l i c h t zur Prämienzahlung und Erfüllung aller Obliegenheiten.

Die Rechtslage charakterisiert sich als ein Eintreten eines anderen in einen Vertrag kraft Gesetzes ohne Zutun der ursprünglichen Kontrahenten. Zwischen diesen beiden bekannten Polen eine Beziehung herzustellen, muß das Ziel sein. Auf der einen Seite: Veräußerung im BGB. = Eigentumsübertragung, auf der anderen: Folgen der Veräußerung im VVG.: Eintritt des neuen Interessenten in den alten Vertrag.

In welchem Augenblick tritt er ein? Dem Sinne des Gesetzes würde entsprechen: in dem Augenblick, in dem er Interessent wird. Dem widerspricht der Begriff „Veräußerung", nach dem auf den Übergang des Eigentums abzustellen sein würde. Das Eigentum wiederum wäre nur erheblich, wenn nicht das Interesse an der Sache, sondern sie selbst Gegenstand der Versicherung wäre.

§ 5.
Historische Übersicht.

1. Aus dieser Erwägung heraus ist es verständlich, daß die Beantwortung der Frage nach dem Gegenstand der Versicherung grundlegend ist für die Auslegung des § 69 VVG. Aus den aufgedeckten Widersprüchen zwischen der Gesetzesvorschrift und dem Sinn des Versicherungsvertrages zeigt sich, daß sprachlich die Vorschrift des § 69 überhaupt nicht mit den Grundlagen des Versicherungsrechtes in Einklang zu bringen ist, weil sie offenbar auf der naiveren Anschauung voriger Jahrhunderte fußt. Ein Einblick in die Geschichte dieser alten Streitfrage und ihrer Lösung wird das Rätsel des § 69 enthüllen als ein rudimentäres Überbleibsel aus Zeiten anderer Einstellung, und beweisen, wie nötig es ist, diesem Fremdkörper im Versicherungsrecht, sei es im Wege moderner Auslegung, sei es durch Reform des Gesetzes, ein Ende zu bereiten.

Nach der alten Meinung würde der Versicherungsvertrag an der versicherten Sache haften und einen Wechsel im Eigentum überdauern, also ipso iure auf den Erwerber übergehen, weil die Person, die eine Beziehung zur Sache hatte, unerheblich für den Versicherungsvertrag ist. In dem Augenblick jedoch, wo man sich auf den Standpunkt der Interessenversicherung stellt, kann mit dem Verlust des Eigentums noch keine wesentliche Veränderung eingetreten sein; erst der Verlust des Interesses würde den Gegenstand der Versicherung entfallen lassen, und die Versicherung müßte an sich mangels Schutzbedürftigkeit erlöschen, auf Grund der subjektiven Natur jedes Interesses.

Das ALR., die erste Kodifikation des Versicherungsrechts, geht von der alten Anschauung aus, daß die Sache Gegenstand der Versicherung ist. Dieser Grundsatz bedingt, daß die Versicherung als Akzessorium des Eigentums erscheint. Einer ausdrücklichen Regelung hätte der Tatbestand der Veräußerung daher an sich gar nicht bedurft. Die in diesem Sinne gefaßte Vorschrift des § 2163 II 8 stellt also nur einen zusammenfassenden, aber nicht notwendigen Zusatz dar. Ihre dispositive Natur bewirkte jedoch bald, daß die Allgemeinen Versicherungsbedingungen in diesem Punkt andere Wege gingen und eine ausdrückliche Genehmigung des Versicherers als Voraussetzung für den Übergang der Versicherung verlangten. Dieser Kampf der großen Unternehmerverbände gegen die alte Anschauung führte auch dann noch nicht zum Siege, als das ALR. durch das HGB. abgelöst wurde. Zwar läßt die alte Fassung des § 899 HGB. zum ersten Mal die dingliche Verknüpftheit des Versicherungsvertrages fallen, indem sie den Übergang in das Belieben der Parteien stellte, dergestalt, daß nur eine ausdrückliche Zession den Eintritt des Erwerbers verursachen konnte. Mit der Lehre vom Interesse war aber auch diese Regelung noch immer nicht in Einklang zu bringen, weil mit entfallendem Interesse Entschädigungsansprüche in der Person des Veräußerers nicht mehr entstehen können, also auch nicht übertragbar sind.

Die Wege, die auf der andern Seite die allgemeinen Bedingungen der Versicherer gingen, waren rein römisch-rechtliche. In Rom war jede obligatio streng persönlicher Natur gewesen. Die persönlichen Beziehungen zwischen den Vertragsparteien, die sich aus dieser Einstellung ergaben, schlossen den Eintritt eines Dritten in das Schuldverhältnis ohne Mitwirkung des Vertragsgegners aus. Nur im Wege eines Novationsvertrages war auch bei der Veräußerung der versicherten Sache der Eintritt des Erwerbers in den Versicherungsvertrag möglich. So knüpft der § 5 der 67er Feuerversicherungsbedingungen das Fortbestehen der Versicherung an die Genehmigung des Überganges durch den Versicherer. Eine solche Geschäftspraxis war sehr im Sinne der Letzteren, aber sehr wenig in dem der Versicherungsnehmer, die durch diese Vorschrift von dem Versicherer abhängiger wurden als es für einen sozial brauchbaren Versicherungsvertrag wünschenswert gewesen wäre.

In der Rechtslehre hatte unterdessen der Gedanke vom Interesse allgemein gesiegt. Schon in den 80er Jahren gab es wohl niemanden mehr, der sich nicht zu ihm bekannt hätte,— so daß ein dreifacher Zwiespalt entstand: Zwischen Praxis, Gesetz und Theorie. Diesem unhaltbaren Zustand sollte das VVG. ein Ende machen. Es mußte eine Lösung gefunden werden, die einerseits den Bedürfnissen des Verkehrs gerecht wurde, also eine weitgehende Beweglichkeit des Vertragstyps zuließ, — andererseits jedoch sich nicht in Widerspruch setzte zu der Lehre vom Interesse. Eine solche Synthese ist aber unmöglich. Den Bedürfnissen der Praxis war das ALR. entgegengekommen; — das war logisch möglich auf dem Boden der dinglichen Bezogenheit des Versicherungsvertrages. Das HGB. alter Fassung kam bei diesen Bemühungen bereits in Konflikt mit dem Interesseprinzip.

2. Dieser Schwierigkeiten war man sich durchaus bewußt bei Abfassung des VVG. In der Begründung heißt es: „An und für sich mußte die Veräußerung[1]) die Beendigung des Versicherungsvertrages zur Folge haben, da das Interesse entfällt und ein Vertrag zwischen Versicherer und Erwerber nicht vorhanden ist. Andererseits wird nicht verkannt die Notwendigkeit, dem gesteigerten Güterumlauf des modernen Geschäftsverkehrs und seinen Ansprüchen an einen brauchbaren Versicherungsvertrag gemäß, eine größere Beweglichkeit dieser Rechtsfigur zu erzielen".

Eine Synthese ließ sich nicht finden; also griff man zum Kompromiß und ließ dem Interessegedanken zum Trotz — für den entfallenen ursprünglichen Interessenten den Erwerber in den Vertrag ipso iure eintreten. So sehr also das VVG. mit der Vergangenheit bricht hinsichtlich seines Leitgedankens, so stellt es sich doch folgerichtig auf den Boden dieser Vergangenheit (eben des ALR), wo es diesen Leitgedanken durchbricht und das Versicherungsverhältnis der Sache folgen läßt.

Daraus darf nicht gefolgert werden, wie es die Gegner der hier vertretenen Anschauung tun, der Gesetzgeber habe sich im § 69 ein für allemal der Anwendung des Interessenprinzips begeben, und es sei daher wie im ALR nicht das Interesse, sondern das Eigentum entscheidend für alle Fälle der Veräußerung. Vielmehr ist lediglich insofern der Grundsatz verlassen worden, als § 69 nur eine Ausnahme bedeutet, von der im § 68 aufgestellten Regel vom Erlöschen der Versicherung bei Fortfall des versicherten Interesses. Soweit die rechtlichen Wurzeln dieser Vorschrift, die unantastbar wäre,

---

[1]) Bis auf weiteres in der bürgerlich-rechtlichen Bedeutung gebraucht.

hätte sich der Gesetzgeber nicht bei ihrer Formulierung an die einer andern angelehnt, und den Wortlaut jener anderen nachgebildet.

3. Bei oberflächlicher Betrachtung ergibt sich nämlich eine Ähnlichkeit zwischen dem Eintritt des Erwerbers einer versicherten Sache in den Versicherungsvertrag und dem Eintritt des Erwerbers eines Grundstücks in den Mietvertrag, wie er im § 571 BGB. geregelt ist. Diese scheinbare Ähnlichkeit ist der Grund, weshalb man bei der Abfassung des VVG. den § 571 BGB. zum Vorbild genommen hat für den Wortlaut des § 69; die einfache Umrevidierung des einen in den andern ist die Ursache aller Mißverständnisse und Auslegungszwiste.

Es ist nicht zuviel gesagt, wenn man behauptet, daß in diesem Falle die gleiche Rechtsbildung auf eine wirtschaftlich diametral entgegengesetzte Rechtsfigur angewandt worden ist. Der § 571 BGB. beschränkt das Eigentum des Erwerbers und will den Vertragsgegner (den Mieter) schützen. Im Versicherungsrecht dagegen wird der Erwerber geschützt und der Vertragsgegner (der Versicherer) in seinen Rechten beschränkt.

Beispiel: 1. A verkauft die bei V versicherte Sache an B,
V muß den B in den Vertrag eintreten lassen.
2. A verkauft das an V vermietete Haus an B,
B muß in den Vertrag des V eintreten.

Es ist offensichtlich, daß hier der Gesetzgeber durch seine Vorlage, den § 2163, II 8 ALR., der von der „versicherten Sache" spricht, verführt worden ist zu der analogen Anwendung der Erwerbereintritts bei vermieteten Sachen. Die wörtliche Übernahme des Satzes aber, daß der Erwerber in die „während der Dauer seines Eigentums sich ergebenden Rechte und Pflichten" eintritt, ist von denen, die den Veräußerungsbegriff dem BGB. analog definieren wollen, als Beweis für eine entsprechende Absicht des Gesetzgebers angeführt worden.

Der Vermieter einer Sache ist in der Regel deren Eigentümer (oder doch dessen Besitzmittler). Der für den Eintritt des Erwerbers maßgebende Zeitpunkt ist der Eigentumsübergang.

§ 6.

Der Interessenübergang als wesentlichster Faktor.

1. Die Versicherung hat mit Eigentum aber nichts zu tun. Ihr Gegenstand — das Interesse — ist ein rein wirtschaftlicher, kein Rechtsbegriff. Eine rechtliche Beziehung einer Person zu einer Sache ist nicht erforderlich, um ein Interesse herzustellen. Jemand kann Eigentümer einer Sache sein und hat dennoch kein Interesse an ihrer Erhaltung und umgekehrt[1]). Der Wechsel des Interesses braucht zeitlich nicht zusammenzufallen mit dem des Eigentümers.

Zweifellos ist das Interesse, das aus dem juristischen Eigentum fließt, das umfassendste. Schon 1868 hat das OAG. Dresden[2]) festgestellt, daß es keinen Unterschied macht, wenn in Ansehung dieses dem Versicherten

---

[1]) Vgl. auch Ehrenberg, I S. 8.
[2]) Seuff. Arch. Bd. 22 S. 900ff.

zustehenden umfassendsten Interesses das Recht, das ihm zusteht, nicht als Eigentum streng juristisch zu bezeichnen sei, sondern nut gutgläubigen Besitz oder bloße Innehabung verkörpere. Dieser Erwägung will Ehrenberg Rechnung tragen, indem er den Ausdruck „Substanzinteresse“ einzuführen sucht[1]); andere sprechen wieder von Haupt- oder Vollinteresse[2]). Man wird sich indes durch terminologische Ungenauigkeiten nicht verführen lassen, das Interesse allzusehr mit dem Eigentum zu verknüpfen, wenn man sich klar bleibt, daß eben Eigentümerinteresse nur eine kurze Bezeichnung ist für das gewöhnliche Interesse eines Eigentümers, und für die Interessen, die ihm gleichen, — für das Interesse, wie es unter gewöhnlichen Umständen der Eigentümer hat[3]). „Man kann höchstens sagen, daß das Eigentümerinteresse regelmäßig das wirtschaftlich bedeutsamste Interesse, das schutzbedürftigste — und daher am häufigsten versicherte ist, — und daß deshalb im Verkehr unter „Versicherung einer Sache“ die Versicherung des Eigentümerinteresses verstanden wird[4])“. Diesem Hauptinteresse stehen zur Seite eine Anzahl von Konkurrenzinteressen, die auf jenes teils neutral, teils feindlich reagieren: z. B. das Mieter-, Hypothekengläubiger-, Pfandgläubigerinteresse. Interessen entstehen überall da, wo kraft einer Beziehung zu einer Sache ein Subjekt einen möglichen Schaden erleiden kann.

Überall da nun, wo ein solches Interesse in der Person des ursprünglichen Trägers erlischt, entsteht die Frage: „Was geschieht mit der Versicherung, wenn infolge dieses Erlöschens das Interesse in der Person eines anderen auflebt.“ In diesem Sinn kann von einem „derivativen“ Interesse gesprochen werden insofern, als der neue Interessent sein Interesse erhält auf Grund eines auf Übergang des Interesses abzielenden Rechtsaktes. Das Gesetz will darauf Antwort geben, indem es sagt: Grundsätzlich erlischt das Interesse; ist aber der Rechtsakt, auf Grund dessen es übergeht, eine Veräußerung der Sache, an der das versicherte Interesse besteht, so soll das Interesse des Erwerbers der Sache von nun an Gegenstand des Versicherungsvertrages werden, so daß dieser fortbesteht.

2. Es ist nicht begriffsnotwendig, daß diesem Übergang das volle Eigentümerinteresse unterworfen ist, immer aber muß es d e r Teil des Interesses sein, der versichert ist, sei es Substanz-, Nutzungs- oder Haftpflicht-Interesse. Immer auch muß ein Eigentumsübergang an der interessebeschwerten Sache die Ursache der Interessenverschiebung sein. Denn insofern „Veräußerung“ den Übergang der Sache aus dem Eigentum des Versicherungsnehmers in das des zukünftigen bedeutet, insoweit ist dieser Ausdruck wörtlich zu nehmen. Die Vermögensverschiebung, die dem Übergang des Interesses z u g r u n d e l i e g t, muß also tatsächlich eine Veräußerung im Sinne des BGB. sein, d. h. letzten Endes auf Einigung und Übergabe abzielen; — nur mit dem Unterschied, daß die Folgen der Veräußerung für das Versicherungsrecht nicht im Augenblick des Eigentumsüberganges eintreten, sondern a n l ä ß l i c h der Veräußerung, in d e m Augenblick, in dem das Interesse übergeht und zwar aus dem Grunde, weil nur

[1]) Das Interesse im Versicherungsrecht. S. 23.
[2]) Molt, Kreditversicherung S. 108.
[3]) Vgl. Protokolle z. HGB. S. 4232.
[4]) Ritter, § 1 Anm. 10.

der Interessenübergang durch § 69 geschützt werden soll, für den eine Veräußerung kausal ist.

Das Substanzinteresse nämlich, das auf der Verpflichtung zur Gefahrtragung als seinem wesentlichsten Faktor beruht, braucht nicht gleichzeitig mit dem Eigentum überzugehen. Zwar kann nur der Eigentümer die Sache durch Weiterverkauf verwerten, — jedoch kann sich die Gefahr, daß die Sache unverwertbar werde, vom Eigentum loslösen und auf den künftigen Erwerber übergehen, bevor die abzuwickelnde Veräußerung ihre dingliche Erfüllung gefunden hat.

3. Im Regelfall werden sich allerdings der Eigentums- und der Gefahrübergang decken. Doch kennt das BGB. eine Reihe von Ausnahmen, die den Erwerber die Gefahr tragen lassen, bevor er formeller Eigentümer ist. Beispiele solchen vorzeitigen Interessenübergangs liefern die Vorschriften der §§ 445—447 BGB.: Eigentumsvorbehalt, Versendungskauf und Besitzeinräumung von Grundstücken bei noch ausstehender Eintragung. In all diesen Fällen spaltet sich die Gefahrtragung, die oben (§ 3, 3) als Grundlage für ein Interesse erkannt wurde, d. h. ein eindeutiger und kompakter Übergang findet nicht statt, weil gewisse Gefahren noch beim Eigentümer zurückbleiben, — z. B. die, daß er nach Untergang der Sache im Konkurs des Käufers ein Aussonderungsrecht nicht mehr geltend machen kann wegen unterbliebener Bezahlung; es kann auch die Gefahr nachträglich sich als immer bei ihm verblieben herausstellen, etwa bei erfolgter Mängelrüge oder Anfechtung des Vertrages. Wie solche Rückstände der Gefahrtragung zu bewerten seien, soll später erörtert werden; hier genüge die Feststellung, daß ein restloser und eindeutiger Übergang des Interesses zwar die Regel, aber nicht notwendig ist.

Es muß also ein Weg gefunden werden, nach dem solche Interessenlage zu behandeln ist. Hierbei ist zu berücksichtigen, daß diese zerspaltenen Interessenteile sich nicht zueinander neutral verhalten, wie etwa das Nutzungsinteresse häufig zum Substanzinteresse, deren jedes gesondert versicherbar ist, obwohl das eine im andern enthalten sein kann, — sondern daß sie feindlich aufeinander reagieren, d. h. soweit das eine zur Enstehung gelangt ist, vermindert sich bezw. erlischt jenes.

4. Entsprechend der Spaltung der Gefahrtragung geht auch das Interesse nur successiv über. Um hieraus verfrühte Rückschlüsse auf das Schicksal des Versicherungsvertrages zu vermeiden, soll dies gespaltene Interesse zum Unterschied von dem — den Gegenstand des Versicherungsvertrages bildenden — versicherten Interesse, als „Interessiertsein" bezeichnet werden.

Der sukzessive Übergang beruht auf der bereits mehrfach hervorgehobenen Tatsache, daß das Interesse kein juristischer Begriff ist, sondern eine Zusammensetzung aus der Summe der wirtschaftlichen Beziehungen zur Sache, denen der Versicherungsnehmer unterworfen ist, darstellt. Die erste Einbuße erleidet das Interessiertsein des Eigentümers, wenn er eine Verpflichtung zur Übereignung der Sache eingeht. Eine weitere Minderung bedeutet die Übergabe des Besitzes, sodann der Gefahrübergang, und selbst nach endgültigem Verlust des Eigentums bleibt — wie oben ausgeführt — ein Restbestand von Interessiertsein zurück. Nach englischem Recht, welches das Eigentum bereits mit Abschluß des Vertrages übergehen läßt, ist sogar noch ein überwiegendes Interesse für den ehemaligen Eigentümer bis zur Übergabe des Besitzes, gegeben.

Bei der Versicherung für eigene Rechnung ist Voraussetzung, daß dem Versicherungsnehmer das versicherte Interesse zusteht. Wenn nun das Gesetz dem Erwerber für den Fall der Veräußerung die Rechtswohltat gewährt, in den Vertrag einzutreten, so muß dieser Eintritt in dem Augenblick erfolgen, in dem er Interessent wird und nicht erst dann, wenn er rechtlich Eigentümer geworden ist. Würde nämlich auf diese rechtlichen Gesichtspunkte abgestellt, die im Versicherungsrecht unerheblich sind, so könnte eine Lage eintreten, in der der Versicherungsnehmer kein Interesse mehr hat (oder jedenfalls kein volles), — der Erwerber und neue Interessent aber noch nicht in den Vertrag eingetreten ist, weil sein formelles Eigentum noch aussteht. Hier wäre der Tatbestand des § 68 VVG. gegeben: ein Interesse in der Person des Versicherungsnehmers besteht nicht mehr, so daß Ristorno des Vertrages eintreten müßte. — Eine solche Regelung widerspricht aber geradezu der Absicht des § 69, der eine Unterbrechung des Versicherungsschutzes verhindern will. Deshalb ist es unbedingtes Erfordernis bei der Auslegung des § 69 dem Interessengedanken Rechnung zu tragen, damit die gefährdete Einheitlichkeit des Gesetzes gewahrt bleibt.

§ 7.
Abwägung der Interessenlage.

1. Auf diesem Gesichtspunkt beruht die Einstellung Ritters[1]), der entsprechend dem sukzessiven Übergang des Interesses (hier „Interessiertsein" genannt), den sukzessiven Eintritt des Erwerbers fordert. Er begründet dies folgendermaßen: „Das Interesse des Käufers schmälert das des Veräußerers, welches von nun an nur mehr schwebend bedingt und zweifelhaft ist. Aber auch schwebende Interessen sind versicherbar; — dies ist ausdrücklich ausgesprochen im § 7, I der MIA „A defeasible interest is insurable, as also is a contingent interest"[2]), Es fragt sich nur, welchem der Interessen, in die sich das ursprüngliche Eigentümerintteresse spaltet, die Versicherung zu folgen hat. Die logisch folgerichtige Lösung Ritters[3]) läßt die Versicherung auf den Erwerber sukzessive nur so weit übergehen, als es Gefahr und Eigentümerinteresse tun. Im übrigen bleibe die Versicherung beim Verkäufer zurück, bis auch der letzte Rest seines Interesses verschwunden sei. Ritter hält diese Regelung für praktisch ausführbar. Auch wenn der Eigentümer von dem versichertenGegenstand eine körperliche Hälfte verkaufe, gehe nur die Hälfte des Interesses über. Daß die Teilung hier auf einer anderen Ebene vorgenommen werde, könne keinen Unterschied machen. —

So wünschenswert eine Regelung auch erscheinen mag, die konsequent dem Interesse folgt, und bei der kein Teil davon ungeschützt bleibt, so muß doch darauf gesehen werden, daß ein einheitlicher, juristisch faßbarer Zeitpunkt den Übergang der Versicherung bezeichnet. Die im § 69 geregelte

---

[1]) § 1 Anm. 10.
[2]) Vgl. Arnould, 342. sect. 255a.
[3]) § 49 Anm. 5.

Anzeigepflicht entspringt dem Bedürfnis für den Versicherer, auf dem Laufenden zu bleiben über die Person seines Gegenkontrahenten.

Ein derartiges Vorgehen würde ja der Versicherung für fremde Rechnung insbesondere für Rechnung „wen es angeht" mit ihren höheren Prämien jede Existenzberechtigung entziehen. Es kann überdies dem Versicherer nicht zugemutet werden, gegen seinen Willen nun mit zweien im Vertragsverhältnis zu stehen, — gar ohne das Verhältnis ihrer Beteiligung zu kennen. Die Aufzwingung eines anderen Versicherten als des ursprünglichen bedeutet schon eine weitgehende Beschränkung der Vertragsfreiheit. Welcher Termin sollte überdies für die Anzeigepflicht maßgebend sein? — Von wann an sollten die Kündigungsfristen laufen? Welchem der beiden Versicherten käme die Erfüllung der Obliegenheiten zu? — In welcher Höhe wäre jeder versichert?

Auf Grund all dieser Erwägungen muß an einem eindeutigen, begrifflich faßbaren Übergang der Versicherung festgehalten werden. Dieser Übergang darf nicht sukzessive, sondern muß einmalig sein.

Diesem Gedanken folgend nimmt ein großer Teil des Schrifttums an, daß der Wortlaut des Gesetzes eben diesem Bedürfnis nach einem eindeutigen Zeitpunkt des Erwerbereintritts habe Rechnung tragen wollen, indem es auf den Erwerb des juristischen Eigentums abstellte. Diese Auffassung wird von Kisch[1]) damit begründet, daß auch erst mit dem endgültigen Verfügungsakt ein schutzwürdiges Interesse des Veräußerers entstände. Der Übergang der Versicherung müsse sich daher an denjenigen Willensakt knüpfen, der den versicherten Wert unmittelbar aus dem Vermögen des Verkäufers in das des Erwerbers überführe. Gleichgültig sei die Gefahrverteilung zwischen Veräußerer und Erwerber, die das Versicherungs verhältnis an sich nicht berühre. Diese wörtliche Auslegung des Gesetzes entspringt einer zu engen Fassung des Begriffs „schutzwürdiges Interesse". Kisch behauptet, daß der Verkäufer so lange noch das Eigentümerinteresse behalte, als er das Eigentum innehabe; — selbst nach Übergang der Gefahr.

Die Gefahr einer Bereicherung, daß bei zufälligem Untergang der Sache der Veräußerer sowohl die Forderung auf den Kaufpreis, als auch auf die Versicherungssumme hat, sei durch die §§ 281, 323 BGB. (Herausgabe der Ersatzansprüche) abgeschnitten. Dem ist beizutreten, jedoch wird die Bereicherung durch dieselben Vorschriften gleichfalls ausgeschlossen, wenn der Erwerber den Versicherungsanspruch hat, ohne seinerseits geleistet zu haben.

2. Eine praktische Bedeutung kommt der ganzen Frage deshalb nur im Konkurs des einen oder anderen Teils zu. Dort erst kann der Gegner mit seiner Forderung aus §§ 281, 323 BGB. ausfallen, so daß ihm tatsächlich daraus ein Schaden erwachsen kann, daß dem anderen und nicht mehr ihm der Anspruch auf die Versicherungssumme zusteht.

Beispiel: A verkauft sein versichertes Grundstück an B.

B erhält den Besitz übertragen. Auflassung steht noch aus bis zur Bezahlung der Grunderwerbssteuer. (§ 446 BGB.) Jetzt brennt das Haus ab; dann fällt B in Konkurs, bevor er den Kaufpreis für das Haus bezahlt hat.

---

[1]) Bd. III S. 264ff.

Bezüglich des ihm noch gehörenden Hauses ist A aussonderungsberechtigt (§ 43 KO.). Infolge des Untergangs des Hauses hat er jedoch an der Aussonderung kein Interesse mehr. In Ansehung des Kaufpreises ist er jedoch einfacher Konkursgläubiger. Steht A noch die Versicherungsforderung zu, so wird er Aussonderung wählen, und sich an der Versicherung schadlos halten für den ausfallenden Kaufpreis. Ist aber B bereits in den Versicherungsvertrag eingetreten, so fällt die Versicherungssumme in die Masse.

Die andere Seite des Problems wird durch folgendes Beispiel beleuchtet: B fällt erst in Konkurs, dann brennt das Haus ab. — Hier kann A analog dem § 46 KO. den Versicherungsanspruch aussondern. (Dort ist zwar nur vom Gegenwert einer Veräußerung die Rede, jene Rechtslage ist aber wirtschaftlich der hier behandelten gleich). Ist jedoch die Versicherungssumme bereits zur Masse eingezogen, so wird A Massegläubiger. (§§ 46, 59, 3 KO.).

Die praktische Bedeutung der aufgerollten Fragen ist also nicht zu verkennen.

Nachdem A das Haus an B übergeben hat, brennt es ab. Jetzt fällt A in Konkurs. Gilt der Veräußerer (also A) bis zum Verlust des Eigentums als Versicherungsnehmer — wie Kisch es will — so wird der Konkursverwalter die Versicherungssumme zur Masse einziehen, so daß der Erwerber B ungedeckt ist, wenn er den Gegenwert bereits bezahlt hat. — Betrachtet man die bereits als ungangbar erkannten Wege, so wird es klar, daß allein ein einziger übrig bleibt.

Es war festgestellt worden, daß ein Zeitpunkt, an dem das Interessiertsein voll auf einmal übergeht, generell nicht vorhanden zu sein braucht, daß andererseits jedoch im Interesse der praktischen Durchführbarkeit der Versicherungsübergang eines eindeutigen Zeitpunktes bedarf. Deshalb war die Rittersche Lehre vom sukzessiven Übergang abgelehnt worden. Ebenso war der formalistischen Ausdeutung Kisch's wegen ihrer wenig wünschenswerten Vergewaltigung der Interessenversicherung widersprochen worden.

3. Der Eintritt des Erwerbers muß abhängig gemacht werden von einer soziologischen Abwägung der Interessenlage im Sinne Ritters, die aber nicht — wie dieser vorschlägt — von Fall zu Fall erfolgen darf, sondern zu grundsätzlicher Klarstellung für jede Art der Veräußerung führen muß.

Es wird sich späterhin zeigen, daß es eine Reihe von Vermögensverschiebungen gibt, die einen Wechsel des Interessenten hervorrufen, ohne den Tatbestand der Veräußerung im bürgerlich-rechtlichen Sinn zu erfüllen. Die Frage, ob und inwieweit diese Tatbestände der Vorschrift des § 69 unterliegen, soll im zweiten Teil der Arbeit erörtert werden. Der hier grundsätzlich durchzuführenden Untersuchung der Interessenlage beim Wechsel des Interessenten soll dessen einfachste und typischste Form der Kauf, d. h. die entgeltliche Veräußerung unter Lebenden, zugrunde gelegt werden.

Es ist also festzustellen, in welchem Zeitpunkt sich das entstehende Interessiertsein des Erwerbers als dem verbleibenden des Verkäufers überlegen darstellt, denn so lange beide etwa als wirtschaftlich neutral anzusehen sind, hat die Versicherung und haben die Rechte und Pflichten aus ihr beim Veräußerer zu bleiben. Nur dann, wenn eine wirtschaftliche Überlegenheit des Erwerber-interessiertseins über das des Veräußerers vor dem endgültigen Eigentumswechsel feststellbar ist, muß dem Erwerber der Eintritt vorher zugebilligt werden. Dabei ist jedoch zu beachten, daß der Eigentumsübergang nie die Ursache des Erwerbereintritts sein könnte, sondern höchstens fähig wäre den Zeitpunkt zu charakterisieren, in dem ein überlegenes Interessiertsein des Erwerbers entsteht.

Die Abwägung der Interessenlage hat nach rein wirtschaftlichen Gesichtspunkten zu erfolgen. Meßbar ist das Interesse nach Kisch's Definition als der konkrete Wert, den die abstrakte Beziehung zur Sache darstellt. Es ist also auf den Augenblick abzustellen, in dem der gefährdete Beziehungswert beim Erwerber überwiegt. Dieser Zeitpunkt muß den Eintritt des Erwerbers in den Versicherungsvertrag auslösen, und ist gleichzusetzen dem versicherungsrechtlichen Begriff der Veräußerung.

Die Frage der Interessenabwägung, d. h. sowohl die ihrer Berechtigung als auch nach ihrem Ergebnisse ist in Schrifttum und Rechtsprechung auf das Verschiedenste beantwortet worden, und hat zu ausgedehnten Kontroversen geführt. Für die Praxis ist der Streit jedoch so gut wie erledigt worden durch eine Entscheidung des Reichsgerichts vom 28. April 1914[1]), welche im Sinne Kisch's eine Interessenabwägung ablehnt, und allein auf den formellen Eigentumsübergang abstellt. Seither ist das Reichsgericht in allen Entscheidungen bei dieser Anschauung geblieben. Wie wenig diese Entscheidung der herrschenden Ansicht entsprach, zeigt eine Statistik der vorher ergangenen Urteile. Danach finden wir drei Entscheidungen im Sinne der von 1914, nämlich:

RG. vom 1. 2. 1895
LG. Breslau vom 9. 12. 10 } AFP. 1914 S. 23
OLG. Celle vom 22. 1. 14

während auf der anderen Seite 5 Urteile für die Interessenabwägung eintreten:

OAG. Dresden 1868 (Seuff. Arch. 22/290)
RG. v. 5. 6. 03 (AFP 03/39)
OLG. Rostock vom 6. 2. 08
RG. v. 10. 6. 10 (RGE Bd. 74 S. 126)
OLG. Marienwerder vom 4. 2. 14. (Mitt. öff. FVA. Bd. 13 S. 254)

Die nach 1914 ergangenen Entscheidungen folgen sämtlich dem Eigentumsprinzip.

Die Stellungnahme im Schrifttum verteilt sich folgendermaßen: Vor der grundlegenden Entscheidung von 1914 wandten sich 6 Schriftsteller gegen den jetzt vom Reichsgericht sanktionierten Standpunkt: Domizlaff[2]), Cahn[3]), Kroemer[4]), Rakely[5]), Vorwerk[6]), und Gerhard-Hagen[7]). Im gleichen Sinne haben seitdem ihr Votum abgegeben: Ritter[8]), Hellweg[9]), und Bruck[10]) während Kisch[11]), Josef[12]), Weiß[13]), und Körner[14]) von jeher den Eigentumsgedanken verteidigt haben.

---

[1]) RGE Bd. 84 S. 409.
[2]) W. u. R. 1913 S. 135ff.
[3]) S. 21ff.
[4]) S. 26ff.
[5]) Mitt. öff. FVA 1913 S. 146ff.
[6]) S. 16ff.
[7]) § 69 Anm. 3.
[8]) § 49 Anm. 5.
[9]) Mitt. öff. FVA 1920 S. 5ff.
[10]) § 69 Anm. 2.
[11]) Bd. III S. 264ff.
[12]) Komm. § 69 Anm. 3.
[13]) S. 32ff.
[14]) S. 13ff.

Es wurde bereits aus dem Begriff der Gefahrtragung als Grundlage für das Interesse abgeleitet, daß das Interesse sich sukzessiv vermindern kann. Diese langsame Abnahme des Interesses findet kaum statt bei allen den Formen der Erfüllung eines Kaufvertrages, die durch gleichzeitige Einigung und Übergabe die sämtlichen Rechte des Erwerbers in demselben Augenblick entstehen lassen, in dem die des Veräußerers erlöschen. Zwar ist nicht zu leugnen, daß eine Art Interesse beim Erwerber bereits entsteht nach Abschluß des obligatorischen Vertrages, etwa bei einer Speziesschuld, deren Untergang es dem Veräußerer unmöglich machen würde, den Vertrag zu erfüllen. Solange aber der Veräußerer noch die Gefahr im Sinne des BGB. trägt, wird er für die Erfüllung haften. Zwar ist es denkbar, daß das Interesse des Erwerbers an der Sache über den bloßen Geldersatz hinausgeht, dann nämlich, wenn ihm an der Lieferung jener individuell bestimmten Sache gelegen hat, die nun untergegangen ist. Ein solches Interesse muß aber auch im Versicherungsrecht unberücksichtigt bleiben, denn auch der Versicherer vermag dem Geschädigten nur Wertersatz in Geld zu leisten.

Nur dann, wenn der Veräußerer in Konkurs gerät, könnte in diesem Fall der Erwerber um seinen Schadenersatz kommen. Das Interesse an der Zahlungsfähigkeit des Schuldners ist jedoch mit dem Eigentümerinteresse in keiner Weise verwandt, und lediglich mittels einer Kreditversicherung könnte ein solches Interess versicherbar sein. Hinzu kommt noch, daß vom Übergang des Eigentümerinteresses die Rede ist, — also zum mindesten mit der Eigentumsübertragung der Anfang gemacht sein muß. Eine Anwartschaft auf das Eigentum allein bedeutet noch keinen Teil des Eigentümerinteresses.

Erst in dem Augenblick, wenn die Veräußerung soweit fortgeschritten ist, daß für den Erwerber eine Schadensmöglichkeit besteht, entsteht in seiner Person ein Interesse. Und zwar ist erst dieses Interesse ein dem ursprünglichen Eigentümerinteresse verwandtes, weil durch seine Entstehung das Interesse des Veräußerers geschmälert wird; es ist das erste „derivative" Interesse.

§ 8.

Analyse der schwebenden Interessen beim Kauf.

Das Eigentum läßt sich zerlegen in das dingliche Recht, die tatsächliche Innehabung und die Gefahrtragung. Nur wo alle drei Faktoren zusammengetroffen sind, hat die Erfüllung des Kaufvertrages ganz stattgefunden. Wie schon hervorgehoben, können sich jedoch die drei Teile voneinander trennen. Wo eine solche Trennung von Eigentum und Gefahrtragung im Laufe einer Veräußerung stattfindet, wird aus dem periculum rei des Eigentümers das periculum obligationis. Die hier zu gewinnende Erkenntnis muß sich also aus der Betrachtung des periculum obligationis gewinnen lassen. Ursprünglich versichert ist zwar in der Regel das Interesse am Nichteintritt eines nach periculum rei zu tragenden Schadens. Durch Eingehung einer obligatio auf Übertragung des Eigentums und die dadurch erfolgende Umwandlung der Grundlage dieses Interesses zum periculum obligationis, wird es in seinem Bestande nicht berührt. Das Interesse bleibt vom gleichen Wert. Der Eigentümer haftet von nun an aber nicht mehr auf Grund seines Eigentums, — sondern weil der Vertrag ihn in diesem Stadium noch die Gefahr tragen läßt. Ebenso wie nach der Übergabe (§ 446) der Gegner bereits die Gefahr trägt, obwohl er noch nicht Eigentümer ist, aber gleichfalls auf Grund einer vertraglichen Verpflichtung. Zu beachten ist bei dieser Untersuchung des weiteren noch, daß die Vorschriften des BGB. über den Gefahrübergang nicht zwingenden Rechtes sind, daß sie also durch Parteivereinbarung abgedungen werden können, so daß beispielsweise eine Gefahrtragung des Erwerbers vom Vertragsschluß an, oder nach der Übergabe erst bei endgültigem Eigentumserwerb denkbar ist.

1. Wenn auch Interesse nicht mit Gefahrtragung verwechselt werden darf, so ist doch die letztere wesentlichste Grundlage des Eigentümerinteresses. Deshalb rechtfertigt sich das Ausgehen von der Verteilung der Gefahr bei der Abwägung der Interessenlage.

Drei Konstellationen sind möglich, die verschieden zu behandeln sind hinsichtlich des beiderseitigen Interesses.

a) Die gesetzliche Regelung (§§ 446/7 BGB.) Die Gefahr geht mit dem Besitz über.

b) Der Besitz geht über, aber nicht die Gefahr.

c) Die Gefahr geht über, aber der Besitz nicht.

Wirklich praktische Bedeutung kommt nur dem gesetzlichen Tatbestand zu; für eine Erfassung der Bedeutung des Interesses sind aber alle Möglichkeiten zu betrachten, weil nicht praktische Regelung, sondern theoretische Erschöpfung der Begriffe erstrebt wird.

Der Tatbestand im Falle a) ist folgender:

A verkauft sein Grundstück an B und überträgt den Besitz am 1. Januar. Am 1. Februar brennt das Haus ab. Erst am 1. März erfolgt die Auflassung.

Nach dem Gesetz trägt B vom 1. Januar an, dem Zeitpunkt der Besitzerlangung die Gefahr (§ 446 BGB.). Dieser Regelung liegt die Erwägung zugrunde, daß der Gefahrübergang an denjenigen Akt geknüpft werden sollte, der dem Erwerber die tatsächliche Herrschaft über die Sache vermittelt. Mit diesem Akt hat der Verkäufer in tatsächlicher Hinsicht den wesentlichsten Teil seiner Verpflichtung erfüllt, im Falle des Versendungskaufs sogar alle. Zum mindesten ist er von nun an ohne Einfluß auf die ferneren Schicksale der Kaufsache, deren Verwahrung und Verwaltung in der Hand des Erwerbers liegt. Jener besitzt die Sache auf Grund eines zum Eigentumserwerb berechtigenden Titel, und kann dem eventuell vindizierenden Verkäufer die exceptio rei venditae et traditae entgegenhalten. Durch Besitzentäußerung im Laufe einer Veräußerung begibt sich der Verkäufer aller Rechte an der Sache, insbesondere der Möglichkeit, durch Ausübung des Rententionsrechtes die Zahlung des Kaufpreises zu erzwingen. Von nun an ist er zur Erfüllung Zug um Zug nicht mehr in der Lage; er hat vorgeleistet, und kann sich nur an seine obligatorische Forderung halten. Ob dieselbe bezahlt wird, oder zum Teil oder ganz noch aussteht, muß hier irrelevant bleiben. Die Gegner dieser Anschauung[1]) heben

---

[1]) RGE. Bd. 84 S. 409ff.; Kisch, Bd. III S. 266ff. (Ebenso Josef, Weiß, Körner; aber auch Ritter, Anm. 5 zu § 49.

hervor, daß dennoch nicht jedes Interesse des Veräußerers erlösche. Denn ehe der Kaufpreis nicht gezahlt, und Rückgängigmachung des Vertrages nicht mehr zu befürchten sei, habe der Verkäufer keine Ruhe. Wäre dieses sein Interesse unversichert, so würde er im Falle der Anfechtung oder der Mängelrüge — oder wenn er selbst von seinem right of stoppage in transitu Gebrauch zu machen Veranlassung hätte, den Schaden selbst tragen müssen[1]).

Hieraus folgern die Vertreter der wörtlichen Auslegung, daß bis zum formellen Eigentumsübergang wirtschaftlich erhebliche Restbestände des ursprünglichen Eigentümerinteresses erlöschen, „so daß auch erst dann die Versicherung übergehe". Dagegen will Ritter — wie ausgeführt — die schwebenden Interessen beider nebeneinander versichert sein lassen. Für diese Untersuchung soll zwischen beiden Resultaten insofern kein Unterschied gemacht werden, als sie beide von der Annahme eines erheblichen Eigentümerinteresses bis zur Eigentumsübertragung ausgehen.

Bei ihren Ausführungen ist der Begründung nach zu unterscheiden:

a) Das Interesse des Veräußerers bleibe bestehen, da er auf Grund seines dinglichen Zugriffsrechts aus § 43 KO. durch den Untergang der Sache um sein Aussonderungsrecht im Konkurs des Erwerbers komme und empfindlichen Schaden erleiden könne. Es wird zugegeben, daß diese Schadensmöglichkeit ein versicherbares Interesse birgt, jedoch wird bestritten, daß dieses Interesse ein Restteil des Eigentümerinteresses sei. Zwar entspringt es der Tatsache des Eigentums, und geht auf Erhaltung der „versicherten Sache". Es ist aber wiederum eine Verquickung rechtlicher und wirtschaftlicher Gesichtspunkte, wenn man ein Interesse, das dem juristischen Eigentum entspringt, unbedingt als Eigentümerinteresse ansprechen wollte. Wirtschaftlich genommen ähnelt es vielmehr dem des Hypotheken- oder Pfandgläubigers, denn es beruht wie jenes auf einer Kreditgewährung[2]). Ein solches Gläubigerinteresse kann aber unmöglich aus einem Eigentümerinteresse entstehen; bei jenem besteht der mögliche Schaden in einer Wertminderung der Sache selbst, bei diesem in der Nichterfüllung eines Vertrages, dessen Gegenstand wiederum die Sache ist. Überdies ist der Bestand dieses Gläubigerinteresses völlig unabhängig davon, ob das Eigentum bereits auf den Erwerber übergegangen ist oder nicht. Selbst nach endgültigem Eigentumsübergang besteht das Interesse fort, wenn der Erwerber den Gegenwert noch nicht bezahlt hat.

b) Als zweites Argument für ein verbleibendes Eigentümerinteresse wird die Möglichkeit der Mängelrüge oder der Anfechtung oder Rückgängigmachung der Besitzübertragung, ja selbst der Übereignung angeführt.

Solche Anschauungen sind die Folge einer Überspannung des Interessenprinzips. Wenn gesagt ist, daß der Versicherungsvertrag den auf Grund einer Sachbeziehung möglicherweise eintretenden Schaden decken soll, so kann er deshalb doch nicht Schäden zu decken berufen sein, die zur Sache in irgend einer Beziehung stehen, insbesondere nicht Schäden, die nicht

[1]) Ritter, Anm. 10 zu § 1.
[2]) Vgl. Rakely in Mitt. öff. FVA. 1911 S. 149.

die Sache selbst, sondern nur den aus ihrer Verwertung erzielten Gewinn betreffen[1]).

Die Sachversicherung ist keine Prämie auf mangelhafte Vertragserfüllung. Die durch eine solche mit ihren Gewährleistungsansprüchen dem Veräußerer erwachsenden Schäden vermitteln diesem zwar ein Interesse, aber ein Interesse, das mit dem Eigentümerinteresse nicht verwandt ist.

Gelangt auf Grund von Wandelung oder Rücktritt die Sache wieder in den Besitz oder das Eigentum des Veräußerers, so findet ein erneuter Interessenübergang statt, also Rückveräußerung — und Wiedereintritt des ursprünglichen Veräußerers in den Versicherungsvertrag. Es besteht somit auch wirtschaftlich gar kein Bedürfnis nach einer anderen Regelung.

c) Ebensowenig führt die Auslegung zu praktisch unangemessenen Ergebnissen (wie Kisch behaupten will). Praktisch werden die in Frage kommenden Veräußerungsarten in erster Linie für die Immobiliarfeuer- und für die Hagelversicherung, in beschränktem Umfang auch für die Transportversicherung, also vor allem für die Fälle, bei denen das Grundstück zwar übergeben, aber die Auflassung noch aufgeschoben ist, sei es bis zur vollständigen Zahlung oder bis zur Entrichtung der Grunderwerbssteuer, sei es bis zur Herbeischaffung erforderlicher Papiere, z. B. eines Erbscheines, der den Veräußerer als Eigentümer legitimiert.

Der Erwerber hat Besitz, er wirtschaftet völlig wie ein Eigentümer, selbständig und für eigene Rechnung, nimmt Veränderungen am Haus oder dem Boden vor, zieht die Bodenerzeugnisse und verwertet sie nach Gutdünken und für eigene Rechnung. Insbesondere trägt er die Gefahr zufälligen Untergangs oder zufälliger Verschlechterung. Und was ist denn überhaupt der Zweck des Versicherungsvertrages? Doch nichts anderes als dem dominus, der casum sentit, diese Gefahr abzunehmen. Diese Aufgabe hat der Versicherungsvertrag in so hohem Maße, daß man sich gegen Ende des vorigen Jahrhunderts bemüßigt fühlte, ihn des Langen und Breiten vom Schadensersatz des bürgerlichen Rechts abzugrenzen. Es ist zwar oben darauf hingewiesen worden, daß Schadenstragung und Interessenteneigenschaft nicht ohne weiteres einander gleichgesetzt werden dürfen, es kann aber nicht von der Hand gewiesen werden, daß die Schadensmöglichkeit überhaupt die Grundlage eines jeden Interesses ist. Daß die Schadensmöglichkeiten des Veräußerers jedenfalls kein Eigentümerinteresse begründen, ist soeben ausführlich dargelegt worden.

Würde man die Interessenteneigenschaft des Erwerbers, Besitzers und Gefahrträgers leugnen, so ergäbe sich der für den Versicherer unhaltbare Zustand, daß bei Gefahrerhöhungen, vorsätzlicher oder grobfahrlässiger Herbeiführung des Versicherungsfalles durch den wirtschaftlichen Herrn die Leistungspflicht des Versicherers bestehen bliebe, weil nur Handlungen des Versicherungsnehmers selbst ein Recht zur Leistungsverweigerung

[1]) Das wird auch nicht widerlegt, durch den besonders in der Seeversicherung üblichen Brauch unter dem Eigentümerinteresse auch den imaginären Gewinn mitzuversichern. Das bedeutet, daß im Schadensfall bei der Wertberechnung der mit der Sache vermutlich zu erzielende Gewinn mitberücksichtigt wird. Unabhängig vom Verwertungsinteresse würde dieses Interesse am Gewinn aber nicht versicherungsrechtlich beachtlich sein; jedenfalls nicht im Rahmen einer Versicherung des Eigentümerinteresses.

begründen, vorsätzliche Handlungen von Repräsentanten und dritten Personen dagegen der Zufälligkeit des schädigenden Ereignisses keinen Abbruch tun[1]).

Ebenso wie dem Versicherer muß aber auch dem Erwerber an seinem frühzeitigen Eintritt in das Versicherungsverhältnis liegen, damit er es seinem Bedürfnis entsprechend gestalten kann, damit er vor allem durch Wahrnehmung der Obliegenheiten und Zahlung der Prämie der Verwirkung der Entschädigungsansprüche vorzubeugen in der Lage ist. Andernfalls wäre er in dieser Beziehung auf den — doch kaum mehr interessierten — Veräußerer angewiesen, der beispielsweise plötzlich die Prämienzahlung einstellen könnte.

Zusammenfassend ist festzustellen, daß für den Fall des gleichzeitigen Überganges von Besitz und Gefahrtragung ein Eigentümerinteresse, das fähig ist, eine Versicherung zu tragen, erst mit diesem Augenblick auf den Erwerber übergeht. Daß andererseits ein versicherungsfähiges Interesse beim Veräußerer nicht mehr verbleibt, — so daß als Ergebnis auf Grund des im Eingang Ausgeführten der Eintritt des Erwerbers in den Vertrag zu diesem Zeitpunkt zu erfolgen hat, Dieser Augenblick hat also bei solcher Lage als Zeitpunkt der Veräußerung zu gelten. Zu demselben Ergebnis gelangen auch Bruck, Cahn, Rakely, Croemer, Vorwerk; im wesentlichen auch Domizlaff, der aber außerdem die Solvenz des Käufers für wesentlich hält. Im Sinne dieser Ausführungen war de lege ferenda bei der Beratung des § 49 ADS., dessen Hauptsatz jetzt wörtliches Zitat des § 69 VVG. ist, beabsichtigt hinzuzusetzen: „Als Veräußerung im Sinne dieser Bestimmung gilt auch der Übergang der Gefahr"[2]).

2. Neben dieser eben behandelten gesetzlichen Norm sind noch zwei weitere Rechtslagen denkbar, die jedoch über ihre theoretische Bedeutung hinaus kaum je praktisch werden dürften, da zu ihrem Eintreten eine ausdrückliche Parteiabrede erforderlich wäre, die der Unwirtschaftlichkeit ihrer Ergebnisse wegen aber nicht sehr häufig zu finden sein wird. Diese Fälle wollen aber dennoch untersucht werden, damit die Meinung, als sei der Gefahrübergang schlechthin entscheidend, von vornherein widerlegt wird.

Die Gefahrtragung kann durch Parteiabrede bereits vor der Übergabe auf den Erwerber übergegangen sein. Hier ist zu unterscheiden:

a) Haben weder Erwerber noch Verkäufer irgendwelche Erfüllungshandlung vorgenommen, — d. h. hat der Verkäufer noch nicht übergeben,

---

[1]) So wenigstens: Framhein, die Herbeiführung des Versicherungsfalles, Hamburg 1926 S. 79. Dort wird in der Herbeiführung des Versicherungsfalls das Herbeiführen einer vorteilhaften Bedingung gemäß § 162 BGB. gesehen, — und nicht wie von Ritter, § 33 Anm. 15 — die Nichterfüllung einer Verbindlichkeit, die nach § 278 BGB. der Kontrahent für seine Erfüllungsgehilfen zu vertreten hat. Framhein verneint daher die Haftung des Versicherungsnehmers für seine Besitzmittler. Die von der Verbindlichkeitstheorie vertretene Repräsentantenhaftung würde „dem Versicherungsgedanken den besten Teil seiner Bedeutung nehmen". Vgl. auch Bruck S. 207 Anm. 7 § 61. Ebenso OLG. Stuttgart, AFP 1913 II S. 92.

[2]) Bruck, Materialien zu den Allgemeinen deutschen Seeversicherungsbedingungen von 1919.

Warum dieser Zusatz später fortgelassen wurde, ist nicht ersichtlich.

der Käufer noch nicht bezahlt — so kann der Umstand, daß der Verkäufer bei Untergang der Sache dennoch den Kaufpreis verlangen kann, sein Eigentümerinteresse nicht ausschließen, solange er in tatsächlicher und rechtlicher Beziehung über die Sache verfügen kann. Das Eigentum ist noch nicht — wie im ersten Fall — zu einem nudum ius geworden, sondern rechtlich wie wirtschaftlich in seiner Person erhalten. So hat er insbesondere noch die Möglichkeit der Erfüllung Zug um Zug, wie er allein auch zur Wahrnehmung der Obliegenheiten dem Versicherer gegenüber befähigt ist. Bis zur Einräumung des Besitzes zum mindesten kann auch im versicherungsrechtlichen Sinne nicht von Veräußerung gesprochen werden. Die bloße Gefahrtragung allein ist also nicht immer entscheidend.

b) Anders jedoch, wenn zwar der Käufer, nicht aber der Verkäufer erfüllt hat. Der Käufer hat den Gegenwert an den Verkäufer abgeführt. Er trägt infolge vertraglicher Vereinbarung bereits die Gefahr, besitzt aber noch nicht. Hier erleidet der Eigentümer durch den Untergang seines Eigentums keinen Schaden mehr. Zur Zeit ist er bereichert, und ob er die Sache in Erfüllung seiner Verbindlichkeit tradiert, oder ob sie zufällig verloren geht, macht hinsichtlich seines Vermögens keinen Unterschied. Geschädigt wäre allein der Verkäufer. Er ist daher alleiniger Interessent und muß auch Träger der Versicherung sein. Wer hier den Übergang der Versicherung verneint, kommt zu dem Ergebnis, daß die Versicherung erlösche. Denn dem Veräußerer kann der Versicherer einwenden: tua non interest, dem Erwerber dagegen: tecum non contraxi. Die zuletzt behandelte Interessenlage wird aber, wie erwähnt, kaum je praktisch werden. Eigentumslose Gefahrtragung ohne tatsächliche Gewalt bedeutet für jeden ein so übermäßiges Risiko, daß niemand sich zu einer derartigen Vereinbarung bereit finden wird.

Nur bei dieser Konstellation darf aber auf die erfolgte oder nicht erfolgte Gegenleistung abgestellt werden. In der Lehre vom Interesse darf man nie Grundsätze aufstellen mit dem Anspruch auf generelle Geltung. Das Interesse setzt sich zusammen aus so vielen zu berücksichtigenden wirtschaftlichen und juristischen Komponenten, daß nur eine Abwägung von Fall zu Fall die Voraussetzungen für das Vorliegen eines Interesses erweisen kann.

Ebenso also wie nicht grundsätzlich auf die Gefahrtragung abzustellen war, läßt sich die Erheblichkeit der Zahlungsfähigkeit des Käufers oder der erfolgten Erfüllung von seiner Seite als grundsätzlich unbeachtlich nicht verallgemeinern.

Unter Umständen kann also allzu einseitiges Abstellen auf den Gefahrübergang als solchen dem wirtschaftlichen Bedürfnis sowohl als auch der tatsächlichen Interessenlage ebensosehr ins Gesicht schlagen wie der formelle Eigentumsstandpunkt.

3. Wenden wir uns im Verlaufe dieses ersten Teils zuletzt noch der dritten Möglichkeit zu, daß trotz Tradition, Eigentum und Gefahr beim Veräußerer bleiben. Diese Zusammensetzung ist z. B. bei den (hier mangels Veräußerungswillen nicht in Betracht kommenden) auf bloße Detention gerichteten Schuldverhältnissen wie Miete, Verwahrung, Pacht, Leihe usw. stets gegeben; bei Veräußerungsgeschäften wird sie dagegen ebenso selten sein wie die eben besprochene. Inwiefern — entgegen der Ansicht Kroemers —

der Kauf unter Eigentumsvorbehalt nicht hierher gehört[1]), soll im zweiten besonderen Teil dieser Arbeit gezeigt werden.

Nach dem Gesagten kann es keinem Zweifel unterliegen, daß hier das Interesse des Eigentümers dem des — zwar auf Grund eines zum Eigentumserwerb berechtigenden Titels—besitzenden, aber noch nicht Gefahr tragenden Käufers überlegen ist. Lediglich bei dieser Interessenlage kommt überhaupt die so vielbesprochene allmähliche und sukzessive Abwanderung des Eigentümerinteresses vor. Es wurde oben gezeigt, daß im Regelfall das ganze Interesse im Augenblick des Besitz- und Gefahrüberganges auf einmal ohne Restbestände übergeht. Nur wo Besitz und Gefahrtragung sich trennen, spaltet sich auch das Interesse. Dennoch bleibt das Interesse des Gefahrtragenden — wenn er zugleich noch Eigentümer ist — dem Interesse des bloßen Detentors wesentlich überlegen. Zwar ist dieser der tatsächlich Bewirtschaftende und derjenige, der am meisten zur Herbeiführung des Versicherungsfalles fähig ist; dennoch ist sein Verhältnis zum Veräußerer ein weit abhängigeres, da jener wie jeder andere Versicherungsnehmer seinen Besitzmittlern gegenüber ein wesentliches Interesse an der vertragsgemäßen Behandlung der versicherten Sache hat; denn er würde bei Ausfall der Entschädigungssumme der Geschädigte sein. Ob der Verkäufer seinerseits bereits erfüllt hat, muß hier — wie im Falle 1 — gleichgültig bleiben, da das Geleistete bei Untergang der Sache zurückgefordert werden kann, solange der Veräußerer noch die Gefahr trägt.

4. Als Ergebnis dieser Interessenabwägung ist also festzustellen, daß die Veräußerung im Sinne des Versicherungsrechts frühestens mit dem Gefahrübergang vollendet ist, daß insbesondere der mit Besitzübertragung gleichzeitig stattfindende Gefahrübergang immer, Gefahrübergang ohne Besitz in Abhängigkeit von der Gegenleistung, und Besitz ohne Gefahrübergang überhaupt nicht ein überlegenes Interesse des Erwerbers begründen und damit die Veräußerung beenden.

Eine Veräußerung vor Übertragung des Eigentums ist daher nur vorhanden, wenn entweder:

Besitz und Gefahr übergegangen sind

oder

die Gefahr übergegangen ist, und der Käufer bereits bezahlt hat.

---

[1]) Kroemer, S. 15.

2. Teil.

Die Bedeutung des Interesses für die Frage, welche Erscheinungsformen der Veräußerung den Erwerbereintritt zeitigen.

(Kasuistische Durchführung des gefundenen Prinzips.)

§ 9.

Vorbemerkung.

Die Arbeit hat bisher ein Veräußerungsgeschäft vorausgesetzt, und nur die Interessenlage innerhalb dessen Abwicklung behandelt. Zweck dieses Vorgehens war, durch Beobachtung des Interesses den Augenblick zu finden, in dem es den Träger wechselt. Dieser Augenblick mußte — wenn nicht die Grundlagen des Versicherungsrechts erschüttert werden sollen, — mit dem Zeitpunkt der Veräußerung zusammenfallen. Hier muß jedoch eine Einschränkung Platz greifen, nämlich auf Grund der Erwägung, daß Interessenübergänge möglich sind, die dennoch niemals etwas mit einer Veräußerung zu tun haben. So kann beispielsweise das Interesse des Verpfänders im Augenblick der Übergabe des Pfandes restlos auf den Pfandgläubiger übergehen, ohne daß dennoch dieser Interessenübergang die Folgen des § 69 zu zeitigen fähig wäre. Als weitere Voraussetzung für die Anwendbarkeit jener Vorschriften muß also neben den Interessenübergang ein zweites Tatbestandsmerkmal treten, und das ist der Veräußerungswille der Kontrahenten.

Dieser Veräußerungswille kommt nun aber in keiner versicherungsrechtlich faßbaren Handlung zum Ausdruck, sondern läßt sich nur rein formaljuristisch charakterisieren. Man kann nicht umhin, zuzugeben, daß insofern allerdings das rein formelle Eigentum für die Veräußerung erheblich ist, als der Interessentenwechsel einem beabsichtigten Eigentumswechsel als Stufe zu dessen Tätigung vorausgegangen sein muß. Ob derselbe auch tatsächlich später eintritt, oder ausbleibt, ist gleichgültig. Wie jede Verschiebung der wirtschaftlichen Beziehungen aber notwendigerweise nur geschehen kann in Form einer Veränderung der rechtlichen Herrschaftsverhältnisse, so ist es eben notwendige Voraussetzung für die veräußerungsbegründende Eigenschaft einer Interessenverschiebung, daß sie erfolgt zum Zwecke einer tatsächlichen Übertragung des juristischen Eigentums.

Das Rechtsleben kennt neben dem einfachsten Typus — dem Handkauf — eine große Reihe von Rechtsakten, durch die ein Eigentümerwechsel stattfindet, wobei nicht vorausgesetzt werden kann, daß auch bei allen Arten das Interesse übergeht. Es sind daher im folgenden alle diese Arten der bürgerlich-rechtlichen Veräußerung auf das Vorliegen beider

Voraussetzungen zu prüfen, — wobei sowohl das obligatorische als auch das dingliche Geschäft in Betracht zu ziehen ist, weil in beiden der Ausschluß eines der beiden erforderlichen Momente begründet sein kann. Auch hier wird von einer allgemeingültigen Lösung abzusehen und ein Ergebnis mittelst der Frage nach der Interessenlage nur von Fall zu Fall zu erzielen sein. Das bedeutet aber auch hier nicht: für jeden konkreten Fall (wie Ritter meint) sondern für jeden Typ der Veräußerung.

§ 10.

Die Übereignungsform an sich.

1. Traditionssurrogate. Von dem Regelfall, als den der Handkauf eingesetzt wurde, unterscheiden sich in Bezug auf den Übergang des Interesses die Traditionssurrogate des BGB., die brevi manu traditio, das Besitzkonstitut und die Vindikationszession insofern nicht, als bei ihnen die Gefahr auch erst im Augenblick des Eigentumsüberganges den Träger wechselt. Es ist zwar denkbar, daß der schon Besitzende brevi manu traditio Erwerbende auf Grund eines obligatorischen Vertrages bereits vorher in beschränktem Umfange Gefahrträger war[1]). Aber eine solche Gefahrtragung muß für das Versicherungsrecht außer Betracht bleiben, denn nur aus dem Versicherungsgeschäft entspringende Gefahrtragung ist für die Frage der Veräußerung erheblich; jene Verträge aber vermitteln nur Detention, nicht Eigenbesitz. Der Mieter, Pächter, Verwahrer kann sein Interesse zwar selbständig versichern, — er kann durch Versicherung für fremde Rechnung auch das Interesse des vermietenden Eigentümers versichern; eine von jenen aber für sein Interesse (also das Eigentümerinteresse) genommene Versicherung deckt nicht die eventuell vom Besitzer zu tragende Gefahr — außer im Falle der Veräußerung.

Wenn also bei der brevi manu traditio der Erwerber, beim Besitzkonstitut der Veräußerer Gefahrträger war bezw. bleibt, so ist diese Gefahrtragung ohne Zusammenhang mit der Übereignung, und auch mit dem Eigentümerinteresse.

Die Abtretung des Herausgabeanspruchs unterscheidet sich vom Regelfall insofern überhaupt nicht, als das periculum obligationis dort von einem unbeteiligten Dritten getragen wird.

Schwierigkeiten entstehen daher im Regelfall bei den Traditionssurrogaten des BGB. nicht in der Auslegung des § 69, weil Eigentums- und Interessenübergang gleichzeitig stattfinden.

Die Bedeutung von Traditionssurrogaten haben des weiteren auch die kaufmännischen Dispositionspapiere: Ladeschein, Konnossement, indossabler Lagerschein und das Stückeverzeichnis für den Effektenhandel (§ 7 des Bankdepotgesetzes).

---

[1]) Die Gefahr des zufälligen Untergangs wie der dominus trägt allerdings nur die Eisenbahn und der Besitzer durch verbotene Eigenmacht, sowie nach § 588 der Pächter, der das Inventar zum Schätzungswert übernommen hat. Der Versicherer haftet jedoch auch für culpa levis, und da Mieter etc. für Verschulden jeder Art einstehen, würde ohne die oben gemachte Beschränkung auf das periculum obligationis bei Veräußerungsgeschäften, insofern eine versicherungsrechtlich erhebliche Gefahrtragung gegeben sein.

Das Konnossement (und vermutlich auch der Ladeschein) kommen im Geschäftsverkehr nur in Verbindung mit der indossablen Transportversicherungspolice vor, bei der die Versicherung kraft eigenen Rechtes übergeht. also nicht den Vorschriften über die Veräußerung unterworfen ist. In Betracht kommen für den Begriff der versicherungsrechtlich bedeutsamen Veräußerung also nur Stückeverzeichnis und Lagerschein. Der Bankier etwa, der als Einkaufskommissionär Wertpapiere für seinen Kunden gekauft hat, und die Effekten einstweilen im Depot behält, veräußert auch ohne Übergabe die versicherten Stücke an den Kommittenten. Denn nach der herrschenden Meinung erwirbt (auch der nichteintretende) Einkaufskommissionär zunächst selbst Eigentum. Hatte der bisherige Eigentümer (oder einer seiner Vorgänger) die Effekten versichert, so tritt zunächst der Kommissionär, — von der Absendung des Stückeverzeichnisses an, jedoch der Kommittent, in den Versicherungsvertrag ein. Ebenso, wenn der Kommissionär die Versicherung genommen hatte. Hatte der Bankier aber etwa nur den Inbegriff aller ihm gehörenden Wertpapiere versichert, so scheiden die an den Kommittenten veräußerten Stücke aus der Versicherung aus, — ohne eine Möglichkeit für diesen, in den Versicherungsvertrag einzutreten[1]). Geht die vom Bankier genommene Versicherung aber nicht auf Deckung des Eigentümerinteresses, sondern schließt sie auch seine als Verwahrer, Pfandgläubiger etc. zu tragenden Gefahren ein, lautet also auf: „Inhalt meines safes", so bleiben die Stücke trotz Nummernverzeichnis und Eigentum des andern versichert, sofern sie im safe verbleiben.

Bei der Veräußerung durch Indossament des Lagerscheins will Cahn[2]) kurzfristige Eigentümer nicht in den Versicherungsvertrag eintreten lassen; erst der endgültige Erwerber übernähme das Interesse und die Versicherung unmittelbar vom Versicherungsnehmer, der über die verschiedenen Interregna hinweg berechtigt und verpflichtet bliebe. Diese Regelung empfiehlt Cahn, weil das Versicherungsverhältnis seiner rechtlichen wie wirtschaftlichen Natur nach ein auf die Dauer berechnetes Rechtsverhältnis sei, und somit diese Ausnahme von dem Grundsatz casum sentit dominus verlange. Dem ist entgegenzuhalten, daß aber gerade die hier zur Diskussion stehenden §§ 69ff. VVG. den aus dieser Schwerfälligkeit des Versicherungsverhältnisses sich ergebenden Mißständen abhelfen wollen. Es hieße den Teufel mit Beelzebub austreiben, wollte man den Eintritt des vorübergehenden Erwerbers in das Versicherungsverhältnis verneinen. — denn gerade die im Geschäftsverkehr häufig wechselnden und daher vorübergehenden und kurzfristigen Eigentumsverhältnisse sind es, die durch die §§ 69ff. geschützt werden sollen.

Im Anschluß an die Effekteneinkaufskommission sei noch erwähnt, daß der Verkaufskommissionär, der ja kein Eigentum erwirbt, mit der Übereignung an den Käufer (resp. der Absendung des Stückeverzeichnisses) Eigentum, Gefahr, Interesse und Versicherung unmittelbar von dem Kommittenten gemäß § 69 VVG. auf den Erwerber übergehen läßt.

2. Eigentumsvorbehalt. Ganz anders liegt die Frage bei der Ver-

---

[1]) Über Veräußerung aus einem Inbegriff heraus siehe eingehend unten S. 102ff.
[2]) S. 43ff.

äußerung bezw. Übergabe unter Eigentumsvorbehalt. Kisch[1]) und Josef[2]) übergehen die Streitfrage nach dem Zeitpunkte des Gefahrüberganges als irrelevant, und lassen auch hier den formellen Eigentumsübergang bestimmend sein für den Interessenübergang. Das ist nicht anders zu erwarten. im Hinblick auf ihre formale Auslegung des Veräußerungsbegriffs. Nach ihnen könne weder allgemein-juristisch noch versicherungsrechtlich von Veräußerung gesprochen werden, solange der Eigentumsvorbehalt wirksam sei. Im gleichen Sinne hat das Reichsgericht in seiner Entscheidung vom 24. September 1926[3]) neuerdings speziell die Frage des Eigentumsvorbehalts entschieden, und in Weiterführung des auf wörtliche Auslegung abstellenden Urteils vom 28. April 1914 die Frage des entstehenden Erwerberinteresses für unwesentlich erklärt. — Entscheidend müsse auch hier neben dem klaren Wortlaut des Gesetzes die Betrachtung sein, daß es — um Zweifel abzuschneiden, und eine einfache und klare Rechtslage zu schaffen — angezeigt war, den Übergang des Versicherungsverhältnisses von einem leicht zu ermittelnden Vorgang, nämlich dem Eigentumsübergang abhängig zu machen. Dem Zeitpunkt des Überganges der Gefahr des zufälligen Untergangs der verkauften Sache habe das VVG. offensichtlich keine entscheidende Bedeutung beilegen wollen. —

Demgegenüber soll hier noch einmal darauf hingewiesen werden, daß trotz der gewiß beachtlichen praktischen Bedeutung der vom Reichsgericht herausgestellten Gesichtspunkte, — es geradezu eine Vergewaltigung des Versicherungsrechts bedeutet, wenn man zur Vereinfachung der Rechtsprechung durch zwingende Vorschriften dem Interessenprinzip — das doch nun einmal die Grundlage des Versicherungsrechts ist — ins Gesicht schlägt, ohne zu merken, daß man dem Versicherungsvertrag dadurch den Boden entzieht.

Nach dem im ersten Teil Ausgeführten ist es nicht erforderlich, in diesem Zusammenhang abermals die Streitfrage: Interessenübergang — Eigentumsübergang zu erörtern. Aus dem im ersten Teil gewonnenen Ergebnis ist aber die Folgerung zu ziehen für die Behandlung des Eigentumsvorbehalts.

Von den Schriftstellern, für deren Entscheidung die Frage des Gefahrübergangs wesentlich ist, schließt sich seltsamerweise Kroemer den Ausführungen Oertmanns[4]) und des Reichsgerichts[5]) an, die in Übereinstimmung mit Dernburg[6]), Planck[7]), Neumann[8]) und Staub[9]) die Gefahr erst mit dem endgültigen Eigentumserwerb in der Person des Käufers entstehen lassen. Das darf nicht mißverstanden werden!

Kroemer kommt zu diesem Ergebnis, — nicht weil er der Gefahrtragung

---

[1]) Bd. III S. 269.
[2]) LZ. 1911 S. 375.
[3]) RG. Bd. 114 S. 316.
ebenso: OLG Hamburg 12. 2. 26 Hans. R. Z. 1926. 332.
[4]) § 455, V.
[5]) Bd. 66 S. 347ff.
[6]) § 171 Anm. 11.
[7]) § 446, 2 c.
[8]) § 446, I, 3.
[9]) § 382 Anm. 24.

beim Eigentumsvorbehalt geringere Bedeutung beimißt, — sondern weil er annimmt, daß der (nach wie vor für ihn wesentliche) Gefahrübergang beim Eigentumsvorbehalt erst mit dem Erlöschen der den Vorbehalt tragenden Bedingung stattfindet. Er kommt somit — wenn auch infolge anderer Begründung — im Ergebnis zu einer scheinbaren Übereinstimmung mit Kisch und dem Reichsgericht.

Seltsamerweise ist die Frage der Gefahrtragung vom Gesetz nicht geregelt, so daß sie umstritten ist. Um auch für den Eigentumsvorbehalt den versicherungsrechtlichen Begriff der Veräußerung zu erfassen, ist es notwendig, das Versicherungsrecht zu verlassen und zu dieser rein bürgerlich-rechtlichen Streitfrage Stellung zu nehmen.

Kroemer, Kisch und die anderen Vertreter der reichsgerichtlichen Theorie behaupten, daß die Gefahr bis zum Übergang des Eigentums vom dominus zu tragen sei, verneinen also die Zulässigkeit des Analogieschlusses aus § 446, weil der Eigentumsvorbehalt anerkanntermaßen eine aufschiebende Bedingung darstelle und infolgedessen die Besitzübergabe nicht wie bei § 446 als hauptsächlichste Erfüllungshandlung anzusehen sei. Sie erfolgte lediglich bedingt und fordere schon deshalb eine andere Beurteilung als die unbedingte. Diese Begründung beruht, wie Cahn[1]) treffend ausführt, auf einem Trugschluß.Die Übergabe kann als rein tatsächliche Handlung nicht bedingt sein, — vielmehr ist das Eigentum bedingt. Auch der Besitz kann in seiner Eigenschaft als „Tatsächlichkeit des Eigentums" infolgedessen er notwendig sichtbar und konkret sein muß;[2]), an eine Bedingung nicht geknüpft sein[3]). § 446 erklärt lediglich die Übergabe für entscheidend. — Nach § 455 ist nur die Eigentumsübertragung bedingt, und zwar aufschiebend bedingt. Es besteht also tatsächlich kein Grund, die vorzeitige Besitzübergabe mit Eigentumsvorbehalt anders zu behandeln als die gleichliegenden Fälle der mangelnden Eintragung und des Versendungsverkaufs. Denn was ist — genau genommen — die Verweigerung der Eintragungsbewilligung anderes als ein Eigentumsvorbehalt für das Liegenschaftsrecht! ? Hier wie dort trägt bis zum Verlust des Eigentums in erster Linie der Veräußerer den Schaden. In letzter Linie jedoch bleibt der Schaden an der Person des Erwerbers haften, der im Innenverhältnis die Gefahr trägt.

Auf dem gleichen Standpunkt stehen auch: Staudinger[4]), Düringer-Hachenburg[5]), Kahn[6]) Pudor[7]) — und auf dem Gebiete der versicherungsrechtlichen Anwendung: Cahn[8]) und Ritter[9]).

Die beiden letzteren kommen denn auch — in Übereinstimmung mit den Ausführungen des ersten Teils dieser Arbeit — zu dem Ergebnis, daß das Eigentümerinteresse trotz Eigentumsvorbehalt im Augenblick der Übergabe in der Person der Erwerbers entsteht, daß daher die Tatsache

---

[1]) S. 61.
[2]) Ihering, Beitr. z. Lehre v. Besitz, S. 161 u. 164. (zit. bei Cahn S. 61).
[3]) Dernburg, Bd. III § 21, 7.
[4]) § 455, VIII.
[5]) HGB. Bd. III S. 72ff.
[6]) „Das Recht", 1903 S. 546ff.
[7]) JW. 1905 S. 566ff.
[8]) S. 61.
[9]) § 49 Anm. 10.

eines Eigentumsvorbehalts nicht die Anwendbarkeit des § 69 VVG. hindert, — weil eben die Veräußerung im Sinne des Versicherungsrechts bereits mit der Übergabe stattfindet.

Einer solchen Folgerung steht jedoch eine wesentliche Erwägung entgegen. Der Zweck des Eigentumsvorbehalts würde niemals erreicht werden, wenn er nicht zu verhindern imstande wäre, daß dem Erwerber bereits der Anspruch auf die Versicherungssumme zusteht. In der Regel wird der Eigentumsvorbehalt einem Zweifel an der Kreditwürdigkeit des Schuldners entspringen.

Geht die verkaufte Sache vor der Konkurseröffnung unter, so verliert der Gläubiger den Gegenstand seines Eigentums, die Versicherungssumme aber flösse dem Vermögen des Schuldners zu und würde vom Konkursverwalter zur Masse eingezogen werden. Der Gläubiger hat kein Recht auf sie. In Ansehung der Kaufpreisforderung aber bliebe er einfacher Konkursgläubiger. Eine solche Folgerung ist wirtschaftlich in hohem Maße unbefriedigend. Die im Eigentumsvorbehalt enthaltene Sicherung seiner Kaufpreisforderung sollte nicht abhängig sein von dem Bestand der übergebenen Sache, zumal der Erwerber die Gefahr trägt, und insbesondere die Prämie an den Versicherer in der Hauptsache vom Veräußerer bezahlt worden sein wird.

Die Abwägung der Interessenlage bereitet in diesem Fall ernstliche Schwierigkeiten, da das Ergebnis — wie es auch ausfallen möge — einen der beiden Kontrahenten benachteiligen muß. Wenn dennoch ein überlegenes Interesse des Erwerbers angenommen wird, so geschieht das auf Grund der Erwägung, daß der Erwerber der praktisch Wirtschaftende, d. h. rechtlich wie tatsächlich über die Kaufsache Verfügende und der Gefahrträger ist. Der beim Veräußerer zurückbleibende Interessenteil hindert nicht den Eintritt des Erwerbers in die Versicherung. Vom Zeitpunkt des Eintritts an ist das Interesse des Veräußerers nur noch ein schwebendes, das aber wieder aufleben kann, wenn der Erwerber den Kaufpreis nicht bezahlt, und die Sache auf Grund des Vorbehalts vindiziert wird. Alsdann würde die Versicherung wie bei einer abermaligen Veräußerung auf den Gläubiger zurückfallen. Das Interesse an der Erfüllung des Kaufvertrages bezw. an der Erhaltung des Sicherungsobjektes ist nur ein Kreditgewährungsinteresse, das zwar in diesem Falle dem Eigentum entspringt, aber nicht ein Teil des Eigentümerinteresses ist. Gegen die Gefahr, daß die Sache untergeht, und die Versicherungssumme in die Konkursmasse des Erwerbers fällt, kann sich der Gläubiger nur dadurch schützen, daß er sich bei Besitzübergabe vorsorglich alle auf Grund des übergehenden Versicherungsvertrages künftig entstehenden Ansprüche des Erwerbers gegen den Versicherer abtreten läßt.

Zusammenfassend ist festzustellen:

Die Gefahr geht gleichzeitig mit dem Besitz auf den Erwerber über.

Dadurch erhält der Erwerber ein überlegenes Interesse; die Versicherung geht über.

Der Veräußerer behält bis zur endgültigen Erfüllung ein schwebendes Interesse, das wieder aufleben kann, wenn er die Sache vindiziert.

3. Sicherungsübereignung. Die versicherungsrechtliche Natur der Sicherungsübereignung ist beinahe noch umstrittener als die des Eigentums-

vorbehalts. Infolge richtiger Durchführung ihres Prinzips nehmen Kisch[1]), Josef[2]), Körner[3]), Weiß[4]), Hallbauer[5]) und das Reichsgericht[6]) unter Hinweis auf die formale Eigentumslage eine Veräußerung an. Seltsamerweise treten dem Cahn[7]) Domizlaff[8]) und Vorwerk[9]) bei.

Vergegenwärtigt man sich die vorwiegend wirtschaftliche Einstellung des privaten Versicherungsrechts, die immer wieder die Überlegenheit wirtschaftlicher Gesichtspunkte über rechtliche zeitigt, so darf nicht unbeachtet bleiben, daß — wirtschaftlich gesehen, — die Sicherungsübereignung nur eine Verpfändung bezweckt, — ja, rechtlich nur vorgenommen zu werden pflegt, weil das Gesetz die Verpfändung eines Inbegriffs von Sachen (einer Sachgesamtheit) nicht zuläßt. Es soll nicht verkannt werden, wie sehr Ernstlichkeit bei dieser Übereignung zu ihrer Wirksamkeit erforderlich ist; die pfandrechtliche Natur der Sicherungsübereignung verlangt aber, daß das Eigentümerinteresse beim Veräußerer zurückbleibt.

Diese Erwägung, in Verbindung mit der Tatsache, daß ein großer Teil der Juristen diese Ansicht verteidigt, hat im letzten Jahr einige der Höchsten Gerichte zu einem seltsamen Kompromiß veranlaßt. Trotz der grundsätzlichen Beibehaltung des formalistischen Standpunkts, auf Grund dessen die Sicherungsübereignung eine anzeigepflichtige Veräußerung im Sinne des § 69 VVG. darstellen soll, haben das OLG. Hamm und das Reichsgericht die Unterlassung der nach § 71 VVG. vorgeschriebenen Veräußerungsanzeige als entschuldbar erklärt, — und so im Ergebnis den Versicherungsnehmer so gestellt, als sähen sie die Sicherungsübereignung nicht als Veräußerung an.

Die Ausführungen des OLG. Hamm vom 14. Februar 1927[10]) lauten wörtlich: „Maßgebend ist nicht der Übergang des Interesses an der Sache, sondern der Übergang des formalen Rechts, das bei der Sicherungsübereignung vollkommen auf den Empfänger übergeht. Es wäre auch eine dem deutschen Recht sonst unbekannte Erscheinung, daß bei einem Vertragsverhältnis, bei dem es auf die Zugehörigkeit einer Sache ankommt, nicht das Eigentumsrecht, sondern das Interesse maßgebend sein sollte.“ Nebenbei bemerkt: Mit dieser Anschauung stellt sich das OLG. Hamm in Gegensatz zu dem von ihm zitierten Reichsgericht, das in seiner Entscheidung vom 24. September 1926 ausdrücklich festzustellen für nötig befindet, daß bei dem Verkauf unter Eigentumsvorbehalt das Interesse des Verkäufers an der Erhaltung der versicherten Gegenstände fortbesteht. — Wenn zwar das Reichsgericht dem Versicherungsrecht auch nicht immer gerecht wird, so versteigt es sich doch nicht zu der Auffassung des OLG. Hamm, das seine Grundlagen als undeutsch abtut.

---

1) Bd. III S. 282.
2) LZ. 1911 S. 375.
3) S. 30.
4) S. 52.
5) „Das Recht“ 1909 S. 695.
6) 4. 3. 1910; RG. Bd. 73 S. 141. Ebenso KG. 12. 1. 27.
7) S. 68.
8) S. 140 (WuR.)
9) S. 10.
10) JW. 1927 S. 229.

In dem zit. Urteil heißt es ferner: „Im praktischen Leben kommt es aber bei einer Sicherungsübereignung den Wenigsten zum Bewußtsein, daß sie damit eine Veräußerung im Sinne des § 69 VVG. vorgenommen haben; denn die Sicherungsübereignung wird im Verkehr allgemein nur vom wirtschaftlichen Standpunkt aus betrachtet, und dann erscheint sie als Verpfändung und nicht als Veräußerung. Unter diesem Gesichtspunkt wird auch vielfach in der juristischen Literatur die Ansicht vertreten, daß die Sicherungsübereignung keine anzeigepflichtige Veräußerung sei. Solange aber noch ein erheblicher Teil der Juristen diese Ansicht vertritt, kann es dem Kläger als Laien nicht als Verschulden angerechnet werden, wenn er die Sicherungsübereignung nicht für anzeigepflichtig gehalten hat.“

In ganz demselben Sinne hat das Reichsgericht am 17. Juni 1927[1]) entschieden, in einer Sache, wo überdies noch der Treuhänder der Gläubiger dem Versicherungsnehmer gesagt hatte, die Sicherungsübereignung sei keine anzeigepflichtige Veräußerung. Das Kammergericht hatte allerdings das Verschulden bejaht.

Auch diese Entscheidung bezeichnet die Geltendmachung wirtschaftlicher Gesichtspunkte wieder als abwegig, ebenso wie die früheren vom 4. 3. 10 und das Kammergericht vom 12. 1. 27. „Der dieser Auffassung zugrundeliegende Satz“ heißt es weiter, „daß für den Übergang der Versicherung der den Eigentumswechsel bewirkende Rechtsvorgang maßgebend ist, wurde auch neuerdings wiederholt gegenüber Versuchen festgehalten, das dem Eigentumswechsel zugrundeliegende schuldrechtliche Geschäft als „Veräußerung“ gelten zu lassen.“

Es wird hier offenbar auf die Arbeiten Ritters, Brucks und Cahns angespielt, denn eine Schrift, die sich zu der Ungeheuerlichkeit verstiege, das schuldrechtliche Kausalgeschäft als Veräußerung anzusprechen, ist nicht bekannt und auch kaum denkbar. Im übrigen hält das Reichsgericht es für unzweifelhaft, daß bei der Sicherungsübereignung in der Regel ebenso wie bei anderen Veräußerungen das Interesse auf den Erwerber übergehe.

Die Stellungnahme der Gerichte wird am prägnantesten zusammengefaßt in zwei Sätzen, aus dem zit. Kammergerichtsurteil: „Allein die Eigentumsübertragung sei die für § 69 maßgebende Veräußerung, nicht das wirtschaftliche Interesse, das der Veräußerung im einzelnen Fall zugrunde liegt. Ob die Übereignung kausal zur Sicherung, — oder in Erfüllung eines Kaufvertrages oder überhaupt sine causa erfolge, sei irrelevant.“

Die Erwiderung kann nach den obigen Ausführungen kurz sein. Daß im Versicherungsrecht wirtschaftliche Erwägungen eine große, ja die Hauptrolle spielen, wenn dem Wesen der Versicherung Rechnung getragen werden soll, braucht nicht wiederholt zu werden. Woher sollen aber die wirtschaftlichen Verhältnisse abgeleitet werden, wenn nicht aus dem Kausalgeschäft. Es kommt doch darauf an, ob durch die Übereignung dem Vermögen des Versicherungsnehmers ein Wert entzogen ist, — und zwar gerade der versicherte Wert. Es soll hier behauptet werden, daß trotz der Übereignung der Versicherungsnehmer und Sicherungsveräußerer der-

[1]) RGE Bd. 117. S. 270.

jenige ist, dem der Schaden durch Untergang der übereigneten Sache erwächst. Zwar gilt casum sentit dominus; — es ist aber allgemein bekannt, daß der Fiduziar und Kreditgeber bei jeder Wertminderung (etwa ins Depot gegebener Wertpapiere oder Waren) Nachschuß verlangt, also jeder Schaden, — sei er nun durch einen Versicherungsfall verursacht oder nicht, — letzten Endes eine Einbuße im Vermögen des Versicherungsnehmers verursacht. Überdies würde durch den Eintritt des Versicherungsfalles während der Übereignung und die daraus folgende Unmöglichkeit der Befriedigung des Gläubigers, dessen Forderung trotz der Übereignung voll bestehen bleiben und dadurch mittelbar dem Vermögen des Schuldners einen Schaden zufügen. Einen wirtschaftlichen Schaden wird der Fiduziar auch nur dann nachweisen können, wenn der Schuldner und Versicherungsnehmer in Konkurs geht, und die gesicherte Forderung ihren Wert verliert; aber dieser Gefahr muß auch der Pfandgläubiger gewärtig sein. Hinzu kommt, daß in der überwiegenden Mehrzahl der Fälle der Versicherungsnehmer auch der unmittelbare Besitzer bleibt, und sich nicht der tatsächlichen Verfügungsmacht hat begeben wollen.

Es gilt daher für ihn dasselbe, was oben über den Erwerber gesagt wurde, der zwar schon Besitz und Gefahr, nicht dagegen das formelle Eigentum inne hat. Hinzu kommt in diesem Fall, daß der Besitzer und Gefahrträger identisch ist mit dem ursprünglichen Nehmer der Versicherung, der auch eventuell jahrelang die Prämie gezahlt hat, — ein Umstand, der bei Abwägung der Interessenlage möglicherweise den Ausschlag geben kann. Die reichsgerichtliche Rechtsprechung schützt den Fiduziar. Bezeichnenderweise lassen nun die Vertragsformulare mit denen die Großbanken sich als Deckung für gewährte Kredite Waren ihrer Schuldner zur Sicherung übereignen lassen, klar erkennen, daß von ihnen die Sicherungsübereignung nicht als Veräußerung angesehen wird. Das geht aus folgendem Absatz hervor:

„Die übereigneten Waren sind bei der... versichert. Die Versicherungsprämie wird nach wie vor von der Firma (Schuldnerin) gezahlt. Vorsorglich tritt die Firma schon jetzt alle ihr auf Grund der Versicherungspolice gegen die versichernde Gesellschaft etwa zustehenden Ansprüche an die Bank (Fiduziar) ab. Beide Parteien sind sich darüber einig, daß die Firma alle Gefahr hinsichtlich der übereigneten Waren auch in Zukunft trägt."

Diese Regelung trägt allen theoretischen und praktischen Erwägungen Rechnung. Sie entspricht der tatsächlichen Interessenlage und gewährt dennoch durch die Zession dem Fiduziar den nötigen Schutz.

Wenn diese Arbeit auf dem Standpunkt steht, daß die formale Eigentumslage nicht das Entscheidende sei, sondern die Interessenlage — so muß dieser Satz auch bezüglich solcher „Veräußerung" gelten, wo juristisches Eigentum zwar übertragen wurde, — das Interesse jedoch beim Veräußerer geblieben ist. Wie denn sogar das Reichsgericht am 16. November 1881 (RG. BD. 7, S. 9) einmal entschieden hat, daß ein bloß formelles (nacktes) Eigentumsrecht als Grundlage für ein versicherbares Interesse nicht genüge.

Im gleichen Sinne wie hier nehmen Bruck[1]) Kroemer[2]), Rakely[3]) und Ritter[4]) zu der Frage Stellung.

[1]) 5. Aufl. 1926 § 69 Anm. 1.
[2]) S. 50.
[3]) Mitt. öff. FVA. 1911 S. 148.
[4]) § 49a Anm. 10.

4. Ungültige Veräußerung. Ein ganz anderes Gesicht müssen die Folgerungen aus dem hier aufgestellten Grundsatz allerdings enthalten, wenn die formale Rechtsverschaffung nicht nachfolgt. Die unter Eigentumsvorbehalt übergebene Ware wird nie bezahlt. Der Eigentümer vindiziert aber auch nicht. Hier kann nicht bis zum Ersitzungstermin ein dem Eigentümerinteresse ähnliches Interessiertsein des Veräußerers angenommen werden. Wesentlich für den antecipierten Erwerbereintritt müssen vielmehr die alsbaldige Aussicht und Absicht auf restlose Erfüllung des kausalen Veräußerungsgeschäfts sein.

Ebensowenig geht die Versicherung über, wenn das Erfüllungsgeschäft unwirksam ist. Eine Veräußerung im Sinne des § 69 liegt mithin nicht vor, wenn einer der Kontrahenten geschäftsunfähig ist, — ebensowenig bei Schein- und Scherzgeschäften oder Dissens, — wie auch bei Verstößen gegen gesetzliche Verbote oder die guten Sitten. Das Gleiche gilt auch für die Fälle erfolgreicher Anfechtung, oder bei Ausbleiben einer notwendigen Genehmigung. (Bei Geschäftsbeschränkten, Ehefrauen oder bei Notwendigkeit behördlicher Erlaubnis).

All diese Mängel sind für die Frage: Veräußerung oder nicht — naturgemäß nur von Bedeutung, wenn sie dem Erfüllungsgeschäft oder zum mindesten auch dem Erfüllungsgeschäft anhaften. Erfolgt eine einwandfreie dingliche Übereignung auf Grund eines anfechtbaren Kaufvertrages, so kann der Veräußerer nach erfolgter Anfechtung kondizieren. Aber eine Veräußerung hatte stattgefunden. Liefert der Erwerber ihm die Sache aus, so ist hierin eine erneute Veräußerung zu erblicken, so daß erst der Erwerber in den Versicherungsvertrag eintritt, und nach Herausgabe der ungerechtfertigten Bereicherung die Versicherung wieder auf den ursprünglichen Veräußerer als den nunmehrigen Erwerber übergeht.

Ist eine Veräußerung aus den angeführten Gründen rechtlich ungültig, so entstehen die Rechte und Pflichten aus dem Versicherungsvertrag nicht in der Person des Erwerbers[1]). Er ist nicht zur Zahlung von Prämien verpflichtet, und kann gezahlte kondizieren. Ebenso umgekehrt, der Versicherer in Ansehung der Versicherungssumme. Der Erwerber gilt auch rückwirkend wieder als „Dritter", für dessen Verschulden der Versicherungsnehmer nicht haftet[2]). Wird aber die einmal gültig gewordene Veräußerung nachträglich rückgängig gemacht, — durch Eintritt einer auflösenden Bedingung etwa, oder eines Endtermins — so bedeutet das eine abermalige (Rück)Veräußerung[3]). Ebenso liegt eine zweite Veräußerung vor, wenn das Kausalgeschäft durch Rücktritt, Wandelung etc. mit der daraus entspringenden obligatorischen Verpflichtung zur Rückgewähr rückgängig gemacht wird. Ebenso wie bei der Anfechtung oder Nichtigkeit des Verpflichtungsgeschäfts ist hier der Erwerbereintritt zunächst erfolgt, so daß die Wiederherausgabe eine zweite Veräußerung darstellt. Die nach BGB. nichtige Veräußerung ist indessen nicht generell geeignet, auch versicherungsrechtlich alle Wirkungen zu vernichten. Man muß von der absolut nichtigen Veräußerung die relativ nichtige unterscheiden, die nur

[1]) Bruck, § 61 Anm. 7.
[2]) Kisch, Bd. III S. 272.
[3]) Ebenso Cahn, S. 62; Kisch, Bd. III S. 277; ähnlich Ritter, § 49 Anm. 10.

von gewissen Personen geltend gemacht werden kann. (Ein mit Vormerkung behaftetes Grundstück wird verkauft; — die Ehefrau veräußert eingebrachtes Gut ohne Genehmigung des Mannes). Hier ist die Veräußerung dem Versicherer gegenüber als einem Dritten, nicht nichtig. Der Erwerber gilt als eingetreten.

Im Falle der Anfechtbarkeit wird die Veräußerung erst mit Ablauf der Anfechtungsfrist voll gültig, — wird vorher angefochten, so ist sie nie eingetreten. Das Interesse des Erwerbers erlischt ex tunc.

Keine rückwirkende Kraft hat daher die Bestätigung (§ 141 BGB.). Sie gilt als Neuvornahme. Mit ihr geht die Gefahr auch erst über, anders als im Falle der Genehmigung, die nach § 184 I mit Rückwirkung alle Mängel aufhebt und daher den Eintritt des Erwerbers als rechtswirksam erfolgt gelten läßt.

5. Jedoch auch eine vollgültige Veräußerung vermag unter Umständen einen Erwerbereintritt nicht zu verursachen, — dann nämlich, wenn der Versicherungsvertrag selber unwirksam ist. Ein gutgläubiger Erwerbereintritt ist nach den Versicherungsgesetzen nicht möglich. Ganz anders lagert sich aber die Frage, wenn der Vertrag zwar gültig, aber zur Zeit der Veräußerung noch nicht wirksam geworden ust. Dieser Tatbestand kann dann gegeben sein, wenn die Gefahrtragung des Versicherers nicht vom Augenblick des Vertragsabschlusses an, sondern erst zu einem späteren Zeitpunkt von diesem übernommen werden soll[1]).

Erfolgt die Veräußerung vor dem materiellen Beginn der Versicherung, aber nach dem formellen, so besteht keine Möglichkeit für den Eintritt des Erwerbers weil im Zeitpunkt der Veräußerung noch keine Versicherung besteht, in die der Erwerber eintreten könnte. Die Veräußerung muß also immer dem materiellen Versicherungsbeginn nachfolgen. Eine Veräußerung zwischen formellem und materiellem Beginn bei der Rückwärtsversicherung (§ 2 VVG.), bei der der Letztere vor dem Ersteren liegt, ist dagegen imstande, die Folgen des § 69 hervorzurufen, weil das Interesse mit dem materiellen Beginn versichert ist[2]).

§ 11.

Rechtsnachfolge und originärer Erwerb.

Greifen wir zurück auf die anfangs aufgestellte Definition der Veräußerung, um das bisher Erreichte zu überblicken! — Im BGB. erschien die Veräußerung als die rechtsgeschäftliche Übertragung des Eigentums unter Lebenden durch Einzelnachfolge. In Bezug auf die Übertragung des Eigentums und die Gültigkeit des Rechtsgeschäfts wurden im Vorangehenden die erforderlichen Abgrenzungen vorgenommen. Es wurde festgestellt, daß für den versicherungsrechtlichen Begriff anstelle der Eigentumsübertragung generell der Gefahrübergang zu treten habe, daß in Anwendung dieses Prinzips insbesondere weder die Übergabe unter Eigentumsvorbehalt Veräußerung sei, noch die Sicherungsübereignung, — daß Nichtigkeit und

---

[1]) Bruck, § 38 Anm. 2; und Bruck, JW. 1925 S. 631.

[2]) Vgl. Ritter, S. 710, Cahn S. 111.

Anfechtung die Veräußerung nicht-geschehen machen, — Rückgewähr auf Grund fortfallenden Kausalgeschäfts dagegen neue Veräußerung bedeutet.

Zur erschöpfenden Abgrenzung des Begriffs ist infolgedessen noch erforderlich die Untersuchung der Elemente: Einzelnachfolge im Gegensatz zur Universalsukzession, rechtsgeschäftlich im Gegensatz zu: kraft Gesetzes, und beides im Gegensatz zum originären Erwerb. —

Die Römer begriffen unter Veräußerung auch die dingliche Belastung und stellten ihr sogar geflissentliche Zulassung einer Ersitzung gleich[1]). Das BGB. stellt die Belastung mit dinglichen Rechten und den originären Erwerb in einen Gegensatz zu der Veräußerung.

1. Dem Begriff wie er im § 69 VVG. angewandt ist, darf daher nicht zugerechtet werden jede Art originären Erwerbs[2]). Dazu gehören: Erwerb durch Ersitzung, Fund, Aneignung, sowie Erwerb des Eigentums durch Spezifikation gegen den Willen des bisherigen Eigentümers[3]). Nicht zu verwechseln hiermit ist die Frage, inwiefern die Versicherung auf den Erwerber übergeht, wenn nach Veräußerung der Erwerber die erworbene Sache verbindet, vermischt oder verarbeitet. Diese letztere Frage gehört nicht in den Rahmen der vorliegenden Untersuchung, da diese nur fragen darf, ob eine Veräußerung vorliegt, bei jener jedoch eine erfolgte — Voraussetzung ist[4]).

2. In einem Fall des originären Erwerbs widersetzen sich die wirtschaftlichen Grundlagen des Versicherungsrechts einer konsequenten Durchführung dieses Gedankens. Bei Verkauf von Früchten auf dem Halm, bei welchem dem Erwerber die Ziehung überlassen bleibt, erwirbt nach § 596 BGB. der Käufer das Eigentum an ihnen mit der Trennung. Er erwirbt originäres Eigentum, weil dem Veräußerer ein Sondereigentum an den ungetrennten Bestandteilen nicht zustand. Hier findet aber in wirtschaftlicher Hinsicht ein direkter, auf Rechtsgeschäft beruhender Übergang des Eigentümerinteresses statt, um nichts verschieden von dem Übergang, der erfolgt, wenn der Veräußerer die verkauften Früchte selber zieht, und nach Erwerb eigenen Eigentums dem Käufer übereignet. Man darf also nicht zögern, hier trotz des juristisch-technisch originären Erwerbs, eine Veräußerung anzunehmen in Bezug auf die versicherungsrechtlichen Belange[5]).

Praktisch dürfte diese Rechtslage aber kaum je zur Diskussion stehen, denn die genommene Versicherung — in der Regel eine Hagel- oder (bei Holz) Feuer-Versicherung — wird bei der mit der Veräußerung verbundenen Änderung des örtlichen Geltungsbereichs der Versicherung erlöschen. — Originäres Eigentum erwirbt auch der Nießbraucher und Pächter an den gezogenen Früchten mit der Trennung. Auch dieser juristisch-technisch originäre Erwerb qualifiziert sich analog der obigen Konstruktion versicherungsrechtlich als Veräußerung. Überflüssig und an den Haaren herbeigezogen wirkt die Konstruktion Kroemers[6]), wonach Nießbraucher

---

[1]) Dernburg, Pand. I § 83.
[2]) Ebenso vgl.: Vorwerk S. 10 ohne nähere Begründung.
[3]) Ebenso: Kisch Bd. III S. 272; Ritter § 49 Anm. 9.
[4]) Die Frage ist behandelt bei Kisch III S. 573; Bruck § 69 Anm. 2; Cahn S. 50.
[5]) Ebenso: Kisch Bd. III S. 272 Anm. 23. Weiß S. 58.
[6]) S. 56.

und Pächter mit dem Anwesen in der Regel einen Bestand an Früchten übernehmen, der in ihr Eigentum fällt und in dessen Versicherung sie gemäß § 69 eintreten. Mit der Trennung der Früchte würden dieselben in diesen versicherten Inbegriff eingebracht, wodurch die Versicherung auch diese umfasse[1]. Eine Rechtslage, die deutlich zeigt, wie sehr bürgerlichrechtliche und versicherungsrechtliche Veräußerung unter Umständen divergieren müssen, ist die durch gutgläubigen Erwerb gekennzeichnete.

3. Der gutgläubige Erwerber, dem eine (nicht gestohlene, verlorene, oder anderweitig abhanden gekommene) Sache von einem Nichteigentümer veräußert worden ist, erwirbt an dieser Sache originäres Eigentum nach § 932 BGB. Es sind dann zwei Möglichkeiten zu unterscheiden. Hat der ehemalige Eigentümer die Sache unter Versicherung gebracht, so erlischt das versicherte Interesse mit dem Eigentumserwerb des Gutgläubigen; dieser schreibt sein Eigentum nicht her: derivativ von dem des vorherigen Eigentümers, sondern er erwirbt es, — zwar infolge eines Rechtsgeschäfts, aber letzten Endes kraft Gesetzes, denn das Gesetz, und nicht das Rechtsgeschäft verschafft ihm das Eigentum. Ein Interesse war in der Person des (nichtberechtigten) Veräußerers nicht entstanden, weshalb dieser es auch nicht übertragen konnte[2]. Entgegengesetzt entscheidet Cahn[3], der auch originären rechtsgeschäftlichen Erwerb eine Veräußerung im Sinne des § 69 sein läßt[4]. Ein anderes Schicksal erleidet das Versicherungsverhältnis, wenn der veräußernde Nichteigentümer versichert hat. Ein Interesse besteht in seiner Person garnicht. Infolgedessen tritt nach § 68 VVG. Ristorno der Versicherung ein[5], d. h. der Versicherungsnehmer ist von der Prämienzahlung, — und der Versicherer von der Pflicht zur Leistung der Entschädigungssumme befreit. Wird die Prämie jedoch widerspruchslos weitergezahlt — und angenommen, so kann Konvaleszenz des Vertrages eintreten, sowie etwa ein Interesse entsteht. Ein solches entstehendes Interesse wird aber hervorgerufen durch die Veräußerung an den gutgläubigen Erwerber. Für dieses Interesse macht es keinen Unterschied, ob das Eigentum, daß ihm zugrunde liegt, originär oder derivativ ist. Der Versicherungsvertrag krankte zwar an einem wesentlichen Mangel, war aber wirksam, und die Rechte und Pflichten aus ihm waren übertragbar, solange seine schwebende Unwirksamkeit von keiner Seite geltend gemacht wurde. Dieser Fall bietet uns also das Beispiel einer Veräußerung im Sinne des Versicherungsrechts ohne daß der „Veräußerer" formaljuristisch Eigentum innehatte. Man muß also unterscheiden, ob der Vorgänger des Erwerbers im Besitz, oder der Eigentümer der Versicherungsnehmer war. Obwohl zwar eine Verfügung im Sinne von Eigentumsübertragung nicht stattgefunden hat, muß der Wille des Verfügenden, den Erwerber Eigentümer werden zu lassen, in Ansehung des Interesses und des

---

[1]) Eingehend siehe darüber unten S. 102ff.
[2]) Ebenso Ritter § 49 Anm. 9.
[3]) S. 73ff.
[4]) Dem ist zu entgegnen, daß dieser Erwerb kein „rechtsgeschäftlicher" ist, sondern nur ein Rechtsgeschäft zur Voraussetzung hat.
[5]) Ohne diese Vorschrift wäre der Vertrag nach § 306 BGB. nichtig.

Versicherungsverhältnisses den Erwerber zum Eintritt berechtigen[1]). Ebenso wie der eben angeführte Fall, ist folgende Lage als Veräußerung anzusehen, — obwohl auch hier kein Eigentum übertragen wird. Der gutgläubige Erwerber versichert die Sache, die jedoch nach § 935 BGB. wegen Diebstahls vom ursprünglichen Eigentümer vindiziert wird. Veräußerung = Einigung und Übergabe ist nicht möglich, denn der Vindizierende hatte sein Eigentum nie verloren, — ebensowenig hat ein Interessenwechsel stattgefunden; der Gutgläubige hatte vielmehr — wie im vorigen Beispiel der Nichtberechtigte — eine Versicherung ohne Interesse genommen. Cahn[2]) vermeidet eine analoge Konstruktion, sondern läßt bei erfolgter Rückgewähr wie bei einer „unbewußten" Versicherung für fremde Rechnung den Versicherungsnehmer und den Versicherten sich in der Person des Eigentümers vereinigen. Mit dem Vollzug der Vindikation treten die in § 69 VVG, benannten Folen der Veräußerung ein: der mangels Interesses ristornierte Vertrag konvaleszíert durch Zusammenfall mit dem Eigentümerinteresse, genau wie im vorigen Beispiel.

Hatte der veräußernde Nichtberechtigte Versicherung für Rechnung des ehemaligen Eigentümers genommen, etwa in seiner Eigenschaft als Spediteur, Kommissionär, Nießbraucher etc., — so muß die Versicherung mit dem originären Rechtserwerb erlöschen, ebenso wie das alte Eigentümerinteresse. Veräußerung ist dies nicht[3]).

§ 12.
Erwerb kraft Gesetzes und Universalsukzession.

Wenn die Definition der Veräußerung Rechtsgeschäftlichkeit des Überganges voraussetzt, so sollen damit ausgeschlossen sein die Übergänge kraft Gesetzes. Für diese bedarf es keiner Regelung schon aus der Zweckbestimmung der Vorschrift heraus; Eigentumsübergang kraft Gesetzes ist immer successio in universum jus[4]). Wer ipso jure in alle Rechte und Pflichten seines Vorgängers eintritt, tritt auch ipso iure in die aus dem Versicherungsverhältnis ein[5]).

1. Den Hauptfall bildet die Erbfolge. Der Eintritt des Erben in das Versicherungsverhältnis vollzieht sich nach den erbrechtlichen Vorschriften des BGB.[6]). Es herrscht daher kein Streit darüber, daß Erbfolge nicht unter den Begriff der Veräußerung fällt, — auch da nicht, wo der gesetzliche Eintritt des Erben in das Versicherungsverhältnis nicht erfolgen kann,

---

[1]) Ebenso: Kisch Bd. III S. 272 freilich ohne Begründung.

[2]) S. 67.

[3]) Vgl. Kisch III S. 553; Ritter § 49 Anm. 15/16.

[4]) Dies gilt nur für den Übergang des Eigentums an körperlichen Sachen. Es gibt cessiones legis in specialem jus (§ 67 VVG: der Eintritt des Versicherers in die Ersatzansprüche, § 69 VVG gesetzl. Eintritt in einen Vertrag, § 774 BGB. — Übergang der Forderung des Gläubigers auf den Bürgen, der befriedigt hat). Vgl. Kohler bei Dernburg VI S. 436; Burchard LZ 1911 S. 329ff.; Cahn S. 55.

[5]) Abweichend Vorwerk, der die Universalsukzessionen auch als Veräußerung ansieht, nur die Erbfolge ausnimmt.

[6]) Vgl. Kisch III S. 273; Ritter § 49 Anm. 6; Domizlaff S. 137; Burchard LZ 1911 S. 340; Cahn S. 55; Weiß S. 68; Bruck § 69, 1; Kroemer S. 34; Staudinger § 571 B I 1a.

weil das Interesse seiner Natur nach unlöslich mit der Person des Versicherungsnehmers verknüpft ist, so etwa bei der Haftpflichtversicherung. In solchen Fällen erlischt das Interesse mit dem Tode des Erblassers und es tritt Ristorno der Versicherung nach § 68 VVG. ein.

2. Eine andere rechtliche Natur hat jedoch die successio antecipata, die bäuerliche Gutsüberlassung des alten Rechts, deren Wirkungen von einem großen Teil des Schrifttums kurzerhand denen der echten Erbfolge gleichgestellt werden[1]). Jene meinen, die antizipierte Erbfolge bewirke eine Vorausnahme der Wirkungen der Erbfolge und daher müsse sie analog behandelt werden. Zu demselben Ergebnis gelangt Domizlaff[2]), indem er auf die in der Begründung niedergelegte ratio legis, die auf Beseitigung eines Schwebezustandes abstelle, Bezug nimmt, ein solcher können in diesem Falle aber nicht eintreten, da Universalsukzession vorläge. Diese Ausführungen verwechseln wirtschaftliche Wirkungen und Rechtsnatur, denn eine unmittelbar auf Gesetz beruhende Sukzession liegt hier nicht vor. Die Gutsüberlassung ist ein Rechtsgeschäft unter Lebenden. Die Regelung der verfrühten Erbfolge sollte lediglich dazu dienen, einen sofortigen Erwerb der Geschwister an der Abfindungssumme zu begründen, ein Erfolg, der heute nach § 330 II BGB. außer Zweifel ist. Der Übernehmer des Gutes wird Interessent kraft rechtsgeschäftlichen Erwerbs unter Lebenden. Die wirtschaftliche Analogie zu dem gesetzlichen Erwerb vom Todes wegen kann nicht durchschlagen[3]).

3. Eine Lücke befindet sich dagegen im Gesetz, — wie Kisch[4]) hervorhebt, — bezüglich der durch Nacherbfolge eintretenden Rechtsübergänge. Hat der Vorerbe Nachlaßgegenstände versichert, so kann der Nacherbe nicht kraft Gesetzes in den Versicherungsvertrag eintreten, da er nicht Gesamtnachfolger des Vorerben ist. Andrerseits kann er nicht nach § 69 eintreten, denn sein Erwerb des Nachlasses beruht nicht auf Rechtsgeschäft, sondern tritt kraft Gesetzes ein. Eine Veräußerung läßt sich hier unter keinen Umständen konstruieren, — daß ein Bedürfnis nach dem Übergang der Versicherung besteht, läßt sich jedoch nicht leugnen.

4. In gleicher Weise enthält die Rechtsnachfolge in ein Fideikommiß ein unmittelbar kraft Gesetztes eintretendes Nachfolgeverhältnis. Sie ist daher ebensowenig wie die Erbfolge oder die Nacherbfolge eine Veräußerung, jedoch kann auch hier wie bei der Nacherbfolge der Nachfolger nicht in den vom Fideikommißbesitzer geschlossenen Versicherungsvertrag kraft Gesetzes eintreten, da auch ihm keine Gesamtnachfolge den Eintritt vermittelt[5]).

5. Der Rechtserwerb des Vermächtnisnehmers ist hingegen keine Universalsukzession. Das Vermächtnis als solches ist noch keine Veräußerung.

---

[1]) Vgl. Bittner in Seuff. Bl. Bd. 75 S. 769; Hagen in Gerhard-Hagen S. 332; RORG. XXIII S. 92; Kroemer S. 35.

[2]) W. u. R. S. 138.

[3]) Vgl. Bruck § 69 Anm. 1; Kisch S. 273 Anm. 28. Josef LZ 1911 S. 374; Cahn S. 83; Körner S. 28; Seiß S. 70.

[4]) S. 273 vgl. auch Ritter § 49 Anm. 6. Entsprechend LG. Landshut (zit. bei Domizlaff-Liebig S. 78).

[5]) Vgl. Bruck § 69 Anm. 1; Kisch S. 274; Domizlaff S. 137; Josef LZ. 1911 S. 374.

Es begründet nur eine Obligation (streng genommen erst die Annahme des Vermächtnisses) zwischen Vermächtnisnehmer und Beschwertem (§ 2174 BGB.). Erst die Erfüllung der hieraus entspringenden Verpflichtungen durch Übertragung des vermachten Gegenstandes bildet die Veräußerung[1]). Wer allerdings Entgeltlichkeit als wesentliches Begriffsmerkmal der Veräußerung ansieht[2]) kann durch das Vermächtnis ebensowenig wie durch die Schenkung den Erwerber in das Versicherungsverhältnis eintreten lassen. Der Umstand, daß — rein terminologisch — der Sprachgebrauch mit dem Begriff: „Veräußerung" in der Regel eine Gegenleistung verbindet, berechtigt nicht ohne weiteres zu dieser Unterstellung. Auch die unentgeltliche Übertragung eines Gegenstandes schafft ein Interesse des Erwerbers, auch sie läßt zunächst einen Schwebezustand eintreten, zu dessen Beseitigung eben die Vorschriften des § 69 dienen sollen. Hinzukommt noch, daß es begrifflich für die Rechtsverschaffung keinen Unterschied machen kann, ob das Kausalgeschäft ein synallagmatisches ist — oder nicht. Es hieße den Grundsatz von der abstrakten Natur des Erfüllungsgeschäftes durchbrechen, wollte man das Entgelt zu einem essentiale der Veräußerung machen, die anerkanntermaßen im Erfüllungsgeschäft besteht.

§ 13.
Interessentenwechsel und Eigentumsverhältnisse.

1. Die Veräußerung braucht sich nicht nur durch Übertragung des vollen Eigentums auf einen anderen zu vollziehen; sie kann auch durch Eingehung irgend eines Miteigentumsverhältnisses erfolgen. Ebenso kann – bei bestehendem Miteigentum mehrerer Personen — das Verhältnis dieser zueinander sich verschieben. Drittens kann auch eine Gesellschaft Eigentümer einer Sache sein. Ihre Umwandlung in eine andere Gesellschaftsform oder der Hinzutritt eines neuen Gesellschafters kann sich auch als Veräußerung qualifizieren. — Wo in all diesen Fällen im folgenden eine Veräußerung verneint wird, kann dies aus zweierlei Gründen erfolgen. Einmal kann die Eigentumsveränderung kraft Gesetzes durch Universalsukzession erfolgt sein, und aus diesem Gesichtspunkte heraus — gemäß den oben gemachten Ausführungen — die Anwendung des § 69 VVG. verbieten. Zum andern braucht aber durch die Veränderung der Eigentumsverhältnisse ein Interessentenwechsel garnicht erfolgt zu sein und aus diesem Grunde auch keine Veräußerung nach Versicherungsrecht vorzuliegen.

Keine Veräußerung ist gegeben — und zwar aus beiden Gründen — wenn zwei Ehegatten eine allgemeine Gütergemeinschaft oder Fahrnisgemeinschaft eingehen. Zwar werden die versicherten Vermögensstücke auch Gesamthandseigentum des anderen Ehegatten, Versicherungsnehmer aber bleibt der ursprüngliche Eigentümer. Allerdings wird auch der andere Gatte Interessent, dieses Interesse schmälert jedoch nicht das des anderen Eigentümers. Auch das seine erstreckt sich nach wie vor auf die ganze Sache; nur wird durch das Gesamthandseigentum ein zweites gleichartiges

---

[1]) Josef LZ. 11/374; Cahn S. 83; Vorwerk S. 11.
[2]) Bruck § 69 Anm. 1. a. A. RGR. Komm. § 571.

Interesse an der Sache begründet. Schon aus diesem Grund der konstanten Personenidentität kann nicht von Übertragung — geschweige denn von Veräußerung — gesprochen werden. Daß der Erwerb des andern Ehegatten dabei nicht auf Rechtsgeschäft, sondern auf Gesetz beruht, besitzt also nur subsidiäre Bedeutung[1]). Die Ansicht Cahns[2]), wonach die Gesamtgutseigentümer kraft Gesetzes in Rechte und Pflichten (wie der Erbe) eintreten, ist rechtsirrtümlich und beruht auf Verkennung der oben dargelegten Personenidentität. Denn wo die Person des Interessenten die gleiche geblieben ist kann auch kein neuer eintreten. Daß das Gesamtgut unbeschränkt für die Prämie haftet, und eventuell der Ehemann persönlich, ist Angelegenheit des Familienrechts und ohne Einfluß auf die versicherungsrechtlichen Folgen der Gesamtgutserrichtung.

2. Noch viel weniger ist es natürlich eine Veräußerung, wenn die versicherte Sache ins eingebrachte Gut fällt. Hier bleibt die Ehefrau Alleineigentümerin, auch ihr Interesse bleibt im vollen Umfange bestehen. Neben ihr haftet der Ehemann für die Prämie mit dem eingebrachten Gut, aber nicht weil er in den Versicherungsvertrag eingetreten wäre, sondern auf Grund seiner Verwaltung und Nutznießung (§§ 1385, Nr. 2; 1388, 1529 BGB.[3])

3. Gerade entgegengesetzt ist allerdings die Auseinandersetzung bei der ehelichen Gütergemeinschaft zu bewerten. Die Umwandlung von Gesamteigentum in Sondereigentum geschieht nicht kraft Gesetzes, sondern durch Rechtsgeschäft. Auch besteht hinsichtlich des Interesses keine fortdauernde Identität zwischen Versicherungsnehmer und neuem Interessenten, denn es entsteht ein gesondertes Eigentümerinteresse an den erworbenen Gegenständen, wo vorher ein Gesamtinteresse versichert worden war. Daher geht die Versicherung an versicherten Gegenständen, die zu dem Gesamtgut gehören, bei Auseinandersetzung der Ehegatten wie bei einer Veräußerung nach § 69 VVG. über.

4. Analog der Erbfolge geht das Vermögen aufgelöster Vereine oder Stiftungen in gesetzlicher Gesamtnachfolge auf den Fiskus über. Auch die Verstaatlichung der Aktiengesellschaften oder Fusion ohne Liquidation (§§ 304, 306 HGB.) überträgt das Vermögen ohne Rechtsakt als Ganzes „wie im Falle der Beerbung"[4]), so daß also alle diese Fälle keine Veräußerung darstellen.

Liquidation dagegen stellt sich dar als rechtsgeschäftliche Rechtsübertragung durch Einzelnachfolge, wirkt also als Veräußerung[5]). (Bei Cahn[6]) und Josef[7]) macht die Liquidation keinen Unterschied. Bei erstem liegt in keinem Fall Veräußerung vor, — bei Josef in allen Fällen. (Umwandlung einer Aktiengesellschaft in eine Komm. Ges. a. A. ist deshalb keine Veräußerung, weil das Rechtssubjekt fortbesteht, — nur eine wirt-

[1]) Vgl. Kisch III S. 274; Bruck § 69 Anm. 1; Ritter § 49 Anm. 6; Kroemer S. 35. Domizlaff S. 138; Vorwerk S. 12; Weiß S. 71.

[2]) S. 56.

[3]) Vgl. Kisch Bd. III S. 275.

[4]) RGE. Bd. 72 S. 17; Vorwerk S. 12; a. A. Josef LZ. 1911/374; ebenso wie hier: Bruck § 69/1; Kisch S. 274.

[5]) Bruck § 69/1; Kisch Bd. 3 S. 274.

[6]) S. 57.

[7]) Josef LZ. 1911/374.

schaftlich andere Konstruktion Platz greift. Soll dagegen eine Akt. Ges. in eine G. m. b. H. umgewandelt werden oder eine Genossenschaft m. unbeschränkter Haftung in eine mit beschr. Haftung oder unbeschr. Nachschußpflicht, ist (RGE. Bd. 74 S. 10) Auflösung des alten Rechtssubjektes erforderlich (s. § 307 HGB.), so daß die Identität keineswegs gewahrt bleibt. Ein Übergang des Interesses ist also anzunehmen im Gegensatz zur Interessenkonstanz beim ehelichen Güterrecht. Wie verhält es sich aber mit der Frage der rechtsgeschäftlichen Einzelnachfolge, die diesen Übergang bewirken soll. Ob nun für die Umwandliung Liquidation des Gesellschaftvermögens erforderlich ist, oder ob das Vermögen als Ganzes an die neugegründete Gesellschaftsform übertragen werden kann, ist streitig. Für den Fall der Umwandlung einer A. G. in eine G. m. b. H. hat aber das G. m. b. H. Gesetz in § 81 die Universalsukzession bestimmt[1]). Eine Ausdehnung des Resultats auf ähnliche Umwandlungen führt zu dem Ergebnis, daß trotz Interessentenwechsels keine Veräußerung stattfindet, weder im bürgerlich-rechtlichen noch im versicherungsrechtlichen Sinn, weil das Vermögen als Ganzes kraft Gesetzes übergeht (vgl. RGE. Bd. 74 S. 24). Daß Voraussetzung für diesen Übergang, von der erlöschenden Gesellschaft vorgenommene Rechtsakte sind, tut der Universalsukzession keinen Abbruch — ebenso, wie die Willenserklärung des Testators nicht hindert, daß die Erbfolge dennoch kraft Gesetzes eintritt[2]).

Ob die eine Gesellschaftsform (die umgewandelte oder das Ergebnis der Umwandlung) selbständige juristische Person oder eine OHG. ist, ist unerheblich[3]).

5. Im Vorangegangenen war festgestellt worden, daß eine Reihe von Rechtsübertragungen aus zwei Gesichtspunkten heraus die Begriffserfordernisse der Veräußerung nicht erfüllen, — weil sie einmal einer gesetzlichen Vorschrift statt einem Rechtsgeschäft entspringen, und weil Interessenidentität vorliegt. Wenn aus diesem Grund der Interessenidentität die Qualifikation als Veräußerung für die Eingehung einer ehelichen Gütergemeinschaft verneint wurde, so muß ein gleiches gelten für das Einbringen von Gegenständen in Gesamtgüter jeder Art, also auch wenn ein Gesellschafter Vermögensstücke in eine Gesellschaft des bürgerlichen Rechts oder eine OHG. einbringt. Ein Unterschied zur ehelichen Gütergemeinschaft besteht hier insoweit, als dort das Gesamthandseigentum ohne Rechtsgeschäft kraft Gesetzes nach § 1438, II entsteht, während hier weder der Gesellschaftsvertrag noch das Illationsversprechen das Gesamthandseigentum begründen, vielmehr rechtsgeschäftliche Übertragung (bei Grundstücken also Auflassung und Eintragung) erforderlich ist.[4]) Wenn dennoch hier die Ansicht vertreten wird, — entgegen dem gesamten Schrifttum[5]), daß, obwohl bürgerlich-rechtlich eine Veräußerung vorliegt,

---

[1]) Dasselbe bestimmt der neu eingefügte § 93a Abs. III. Gen. Ges.

[2]) Ebenso wie hier Bruck § 69 Anm. 1; Kisch S. 374; Cahn S. 57; a. A. Vorwerk S. 12; Josef LZ. 1911/374; Burchard LZ. 1911/340.

[3]) Anders: Josef LZ. 1911/373; Körner S. 29; RGE. Bd. 74 S. 10.

[4]) Vgl. Staudinger § 706, IIIa; Staub § 111 Anm. 9.

[5]) Bruck § 69 Anm. 1; Kisch S. 353; Cahn S. 58; Vorwerk S. 13; Ritter § 49 Anm. 6. Sieveking: „Gemeinschaftsversicherung", Hamburg 1926 S. 13.

die Folgen des § 69 VVG. nicht eintreten können, — d. h. versicherungsrechtlich der Rechtsakt sich nicht als Veräußerung darstellt, so geschieht es aus der Erwägung heraus, daß der Einbringende trotz der Veräußerung sein Interesse unwandelbar beibehält. Durch die Einbringung erwerben in der Tat auch die anderen Gesellschafter Eigentum, auch Eigentümerinteresse Da auf S. 24 die Entscheidung der Frage der Veräußerung von einer soziologischen Abwägung der Interessenlage abhängig gemacht wurde, würde es inkonsequent sein, bei der sachlichen Abgrenzung von diesem Prinzip abzuweichen. Ebenso wie bei der Sicherungsübereignung trotz Eigentumsübertragung eine Veräußerung verneint wurde, muß hier analog verfahren werden. Für das eheliche Gesamtgut hat Kisch[1]) ausdrücklich darauf hingewiesen, daß das Interesse der Versicherten durch das Gesamthandseigentum nicht beseitigt oder auch nur vermindert würde. Wenn er von dieser Erkenntnis bei dem Gesamtgut des Gesellschaftsrechts keinen Gebrauch macht[2]), so kann man nicht umhin, sich zu fragen, wo denn der Unterschied zwischen den beiden Arten von Gesamtgütern sei. In beiden Fällen bleibt das versicherte Interesse des Versicherungsnehmers an der Erhaltung der ganzen Sache fortbestehen; daß dessen Rechtsgrundlage, sein Eigentum, sich verändert hat, kann auf Grund der hier verfochtenen Anschauung versicherungsrechtlich keine Bedeutung haben. Es besteht kein Bedürfnis für den Eintritt der Gesellschaft in den Versicherungsvertrag, und infolgedessen muß diese Rechtslage vom Begriff der Veräußerung für das Versicherungsrecht ausgeschlossen werden, weil dieser nur den aus der juristischen Natur des Versicherungsvertrages sich ergebenden Bedürfnissen folgt. Anders würde die Sache natürlich liegen, wenn es sich um Einbringung von Vermögen in eine Handelsgesellschaft mit Rechtspersönlichkeit handelt, denn dort wird nicht eine Summe von natürlichen Personen zur gesamten Hand Eigentümer, sondern die juristische Person als solche erwirbt allein Eigentum. (Die Verteilung der Anteile im Innenverhältnis ist für diese Frage bedeutungslos.) Zwischen Versicherungsnehmer und der Handelsgesellschaft besteht tatsächlich keinerlei Identität, selbst wenn er Teilhaber ist.

6. Bei Einbringung einer versicherten Sache in eine Bruchteilsgemeinschaft hat man es gleichfalls mit einer Veräußerung zu tun. Obwohl hier in der Regel die Verwaltung, Nutznießung und Verfügung eine gemeinschaftliche ist, hat der einzelne Eigentümer das in der Sache verkörperte Interesse für sich allein nicht. Sondern man hat dasselbe in ähnlicher Weise wie das Eigentum auf die Mehreren verteilt zu denken. Das Interesse des Einzelnen reicht nur so weit, als ihm der Wert der Sache gebührt[3]). Unter Zugrundelegung dieser Ausführungen Kischs kommt Sieveking[4]) zu dem Ergebnis, daß in solchem Falle ideeller Bruchteilsveräußerung der hinzukommende Miteigentümer ebenfalls Versicherungsnehmer des bestehenden Vertrages werden, somit eine Gemeinschaftsversicherung entstände. — Dem kann nicht beigetreten werden. Aus den Ausführungen Sievekings geht

[1]) Kisch S. 274.
[2]) S. 353.
[3]) Kisch Bd. III S. 86.
[4]) S. 13, a. a. O.

nicht klar hervor, wie er sich den Eintritt des neuen Quoteneigentümers denkt. Als zweites Begriffsmerkmal der Gemeinschaftsversicherung stellt er die Beteiligung der mehreren Versicherungsnehmer an einem einheitlichen Versicherungsverhältnis auf. In diesem Sinne kann Umwandlung von Sondereigentum in Bruchteilseigentum nie zur Gemeinschaftsversicherung führen, denn nach den eben zitierten Ausführungen Kischs bestehen die Interessen der Quoteneigentümer nebeneinander fort im Verhältnis des Werts ihrer Quoten. Es besteht keine Veranlassung, den Eintritt des neuen Teileigentümers in die Versicherung in Höhe seines Anteils auf die ganze Versicherung auszudehnen. Eine Veräußerung liegt nur vor hinsichtlich seines (zwar ideellen) Bruchteils. Dieser Bruchteil aber ist ein wirtschaftlicher Faktor gleich dem Interesse. Und nur diesem folgt die Versicherung.

Aus einem gewöhnlichen Eigentümerinteresse sind zwei, sich zu einem vollen Eigentümerinteresse ergänzende, schwebende Interessen geworden. Die Versicherung geht nur insoweit auf den anderen über, als Gefahr und Eigentümerinteresse auf ihn übergehen. Im übrigen bleibt die Versicherung beim ersten zurück. Das ist ja auch nichts besonderes. Wenn der Verkäufer nur die Hälfte der versicherten Sache veräußert, geht auch nur die Hälfte des Eigentums, des Eigentümerinteresses, der Versicherung auf den Käufer über; die andere Hälfte bleibt beim Verkäufer zurück[1]). Die Frage kann nur so entschieden werden, denn nur der Wert sämtlicher Interessen zusammenaddiert gibt das ganze Eigentümerinteresse[2]). Wollte man aber den Bruchteilseigentümer an der ganzen Versicherung teilnehmen lassen, so läge bezüglich der Bruchteile des andern Doppelversicherung vor[3]). Begrifflich gilt also als veräußert nur die auf den Neueintretenden entfallende Quote, nur er hat das Kündigungsrecht und auch nur in Ansehung der auf seinen Bruchteil entfallenden Versicherung, nicht dagegen kann der ehemalige Sondereigentümer kündigen. Im Ergebnis stellt die vorliegende Untersuchung die Teilung des Eigentums nach ideellen Bruchteilen einer materiellen Teilung (etwa Parzellierung und Verkauf einzelner Parzellen) gleich, sehr im Gegensatz zu Cahn[4]), der infolge Verkennung des Interesses der Miteigentümer die Teilung zu Bruchteilseigentum als Veräußerung der ganzen Sache behandelt. Daß bei Veräußerung eines körperlichen Teils der versicherten Sache auf diesen Teil die §§ 69ff. anzuwenden sind, bedarf keiner weiteren Begründung[5]) — Für den Fall der Veräußerung einer Schiffspart ist das sogar vom Gesetz (HGB. § 900) ausdrücklich bestimmt worden. Der Unterschied zur Veräußerung von ideellen Bruchteilen besteht darin, daß hier zwei gesonderte Versicherungsverhältnisse entstehen, während dort im Falle unterbliebener Kündigung jeder Miteigentümer gesamtschuldnerisch für die ganze Prämie haftet, andererseits aber beim Eintritt des Versicherungsfalls nur den seinem Interesse entsprechenden

---

[1]) Vgl. Ritter § 49 Anm. 5.
[2]) Ehrenberg „Interesse" S. 25.
[3]) a. A. Cahn S. 48.
[4]) S. 46/47.
[5]) Ebenso: Cahn S. 47; Ritter § 49/5; Kisch S. 351.

Teil der Entschädigungssumme zu beanspruchen hat[1]). Für die Frage nach dem Begriff der Veräußerung ist diese Unterscheidung aber unwesentlich.

Die konsequente Durchführung dieser Gedanken (Verwandlung von Sondereigentum in Gesamthandseigentum ist keine Veräußerung, in Bruchteilseigentum ist Veräußerung des Bruchteils) führt dazu, auch die Umwandlung von Gesamthandseigentum in Miteigentum und umgekehrt, als Veräußerung zu definieren[2]). Die Tatsache, daß zur Umwandlung der Erbengemeinschaft beispielsweise in Bruchteilseigentum (RG. Bd. 57 S. 432) ein Rechtsgeschäft im Sinne einer Veräußerung des BGB. erforderlich ist, würde an sich belanglos sein. Jedoch ist ein Wechsel des Interessenten Ergebnis des Rechtsgeschäfts, nicht nur andere Verteilung des Interesses unter dieselben Personen. Das neuerstandene Bruchteilseigentum ist gegenüber dem bisherigen Gesamteigentum wirtschaftlich in wichtigen Beziehungen anders gestaltet. Die Inhaber der Summe der Interessen sind zwar formell identisch, jedoch ist der Erbe als Bruchteilseigentümer materiell ein anderer Interessent als der gleiche Erbe als Gesamteigentümer. Er kann jetzt über die einzelnen Nachlaßgegenstände seines Erbteils verfügen, nicht nur über seinen Anteil am Nachlaß. (BGB. §§ 2033, 2040, 1008ff.)[3]). Wenn Josef[4]) die Anwendbarkeit des § 69 leugnet, weil zwar eine Veräußerung im Sinne des BGB., jedoch fortdauernde Interessentenidentität vorliege, so zeigt sich recht kraß die Unhaltbarkeit des formellen Eigentumsprinzips, das auch hier wieder dazu geführt hat, eine Identität der Interessenten da anzunehemen, wo tatsächlich nur die Summe der Rechtssubjekte die gleiche ist.

7. Wir hatten betrachtet die Umwandlung von Sondereigentum in Gesamt- und Miteigentum, von Gesamteigentum in Bruchteilseigentum und umgekehrt. Wie charakterisiert sich die Rechtsveränderung im Falle einer Verwandlung von Gesamt- oder Bruchteilseigentum in Sondereigentum? Scheidet beispielweise ein Gesellschafter (durch Ausschluß oder Kündigung) aus der offenen Handelsgesellschaft aus, — und erhält er im Wege der Auseinandersetzung eine von der Gesellschaft versicherte Sache übereignet, so liegt darin nicht nur rechtsgeschäftliche Übertragung des Eigentums, sondern auch Übergang des Interesses, indem ein subjektives Interesse dieses Umfangs nicht versichert war. Versichert war vielmehr die Summe der Interessen aller Gesellschafter. Gleiches gilt für den Miteigentümer, an den die anderen ihre Anteile veräußern und infolgedessen aus der Gesellschaft ausscheiden[5]).

8. Die oben S. 98ff. behandelte Teilveräußerung erfordert noch eine Betrachtung für den Fall der Versicherung von Inbegriffen. Wird aus einem versicherten Inbegriff — etwa einem Warenlager — ein Teil veräußert — so erlischt die Versicherung für den veräußerten Teil, besteht aber an dem Inbegriff fort. Andererseits wird dagegen ein unversicherter Gegenstand,

[1]) Kisch Bd. III S. 353.
[2]) Ebenso Bruck § 69/1; Kisch S. 353 Anm. 9; Cahn S. 59; Josef LZ. 1911/374.
[3]) Cahn S. 59.
[4]) LZ. 1911 S. 373.
[5]) Josef LZ. 1911/372; Cahn S. 58; Burchard LZ. 1911, 329ff.; Vorwerk § 3; Kisch S. 359; Koerner S. 29; Bruck § 69 Anm. 1.

der dem Inbegriff eingefügt wird, automatisch von der Inbegriffsversicherung mitumfaßt. (Fall des antezipierten Versicherungsvertrages). Wird dagegen der Inbegriff veräußert, so vollzieht sich der Übergang der Versicherung auf den Erwerber des Interesses. Die Abgrenzung zwischen Sachen, deren Teile auch nach Veräußerung versichert bleiben, und Inbegriffen an deren Bestandteilen die Versicherung mit der Veräußerung erlischt, wird nicht immer eindeutig sein können. Ergänzend sei deshalb bemerkt, daß nach Oertmann[1]) das BGB. im § 90 für „körperliche" Gegenstände nicht unbedingt physische Kohärenz erfordert, sondern nur ein körperliches Näheverhältnis. Entscheidend für die Individualisierung der Sachen sei die wirtschaftliche Betrachtungsweise. Danach ist z. B. ein Getreidehaufen eine einheitliche Sache, nicht eine Menge von Einzelsachen. Wird also aus einem individuellen Getreidebestand eine bestimmte Menge veräußert, so liegt Teilveräußerung vor, die nach § 69 den Erwerber in die Versicherung eintreten läßt. Wird dagegen aus einem Getreidelager (wesentlich für die Unterscheidung ist das Kriterium der Raumbeständigkeit) ein Teil veräußert, so erlischt die Versicherung. —

Hierbei ist zu beachten, daß Teilveräußerungen, Inbegriffsteile, Miteigentumsverhältnisse und Gesamtgüter über die Frage der Veräußerung hinaus — letzten Endes abhängig sind von der Tatsache, daß in der Regel mit der Veräußerung Gefahränderungen und Änderungen des örtlichen Geltungsbereiches der Versicherung verbunden sein werden; diese schließen aber die Anwendung der Vorschriften über die Veräußerung der versicherten Sache aus.

§ 14.
Belastungen.

1. Wenn auf Seite 6 festgestellt worden war, daß das BGB. im Gegensatz zum römischen Recht Belastungen nicht zur Veräußerung rechnet, so fragt es sich, ob das Versicherungsrecht von dieser Regel nicht auf Grund seines besonderen Charakters abzuweichen hat. Diese Frage muß verneint werden. Der Begriff der Veräußerung verlangt eine sogenannte translative Rechtsübertragung, keine bloß konstitutive Rechtsbegründung. Zwei Belastungen gibt es jedoch, deren wirtschaftliche Natur der Veräußerung nahe kommt, und die deshalb auf einem Rechtsgebiete, wo das wirtschaftliche dem streng juristischen überlegen ist, als solche behandelt werden wollen.

In erster Linie stellt sich der Nießbrauch, an verbrauchbaren Sachen (§ 1067 BGB.) als eine Veräußerung mit Abrede der Rückgewähr des Wertes dar. Auch Kisch[2]) will diesen uneigentlichen Nießbrauch der wirtschaftlich in Ansehung der belasteten Gegenstände sich in nichts von der Eigentumsübertragung des § 929 unterscheidet, als Veräußerung im Sinne des § 69 VVG. behandeln.

2. Ein ähnlich umfassendes Recht vermittelt das Erbbaurecht dem Emphyteuten, weshalb auch hier Veräußerung angenommen werden soll. —

[1]) Komm. I § 240 Anm. 2c (zit. bei Cahn S. 50).
[2]) Bd. III S. 270.

Eine Übertragung der Versicherung — also eine Veräußerung im Sinne des § 69 VVG. — kann nur in Frage kommen, wenn das belastete Grundstück bei der Bestellung des Erbbaurechts bereits bebaut war, und für dieses Bauwerk vom Eigentümer versichert war. Nach der Erbbaurechtsverordnung vom 15. I. 1919 § 12 gilt das Bauwerk als wesentlicher Bestandteil des Erbbaurechts. Hieraus wird geschlossen[1]), daß der Erbbauberechtigte das Eigentum an dem Gebäude erwirbt. Jedoch auch ohnedies ist der Emphyteut wirtschaftlich in derselben Lage wie ein Eigentümer. Mit Kisch[2]) ist daher die Begründung des Erbbaurechts unter allen Umständen als Veräußerung anzusehen, die geeignet ist, die Versicherung des Bauwerks auf den Erbbauberechtigten übergehen zu lassen.

Eine Rechtsübertragung, die selbst in der Erbbaurechts-Verordnung Veräußerung genannt wird, obwohl sie streng genommen eine Weiterbelastung bedeutet, ist das Eintreten eines neuen Erbbauberechtigten durch Vertrag mit dem bisherigen. (Über die Wirksamkeit solcher Verfügungen siehe § 1, 5—8 Erbb.-Ver.) So geht auch hier das Eigentum an dem versicherten Bauwerk auf den Erwerber über, wobei es gleichgültig ist, ob die Versicherung vom Eigentümer oder vom ersten Erbbauberechtigten genommen worden ist. Erlischt das Erbbaurecht oder macht der Eigentümer von seinem Heimfallrecht Gebrauch, so wird das Gebäude wieder wesentlicher Bestandteil des Grundstücks selbst (§ 12 III), fällt mithin wieder unter das Eigentum des Bestellers. Auch dies wirkt als erneute Veräußerung. Eine vom Erbbauberechtigten genommene Versicherung geht also nach § 69ff. auf den Eigentümer über[3]).

3. Nicht nur der Eigentümer kann sein Interesse versichern, auch der Pächter, Nießbraucher, der Mieter, Pfandbesitzer haben ein versicherbares Interesse, das sich evtl. steigern kann bis zur Höhe des Eigentümerinteresses (z. B. beim Pächter, der für das zum Schätzungswert übernommene Inventar die Gefahr des zufälligen Untergangs und der zufälligen Verschlechterung trägt) ja der Nießbraucher ist sogar unter Umständen zur Versicherung verpflichtet (§ 1045 BGB.). Wie, wenn nun der Vermieter die versicherte und gemietete Wohnung in Aftermiete gibt, oder der Pächter mit Zustimmung des Eigentümers an einen Dritten unterverpachtet, oder andererseits der Pächter, der die Versicherung genommen hat durch einen neuen ersetzt wird? Schreiben die neuen Detentoren des versicherten Gegenstandes ihr Recht unmittelbar vom Versicherungsnehmer her[4]), derivativ kraft Rechtsgeschäft mit diesem, so liegt darin ein der Veräußerung ähnlicher Vorgang. Ein Eigentumswechsel findet allerdings nicht statt, es wird aber genügen, wenn irgend eine „Rechtsposition, auf welcher das Versicherungsverhältnis beruht, als solche im Wege der Nachfolge übertragen wird“[5]), denn die Voraussetzungen, unter denen das Gesetz die

---

[1]) Kober, Komm. z. Erbb.-Ver. § 23 Anm. 6 Gunther, JW. 1919 S. 537, 1.

[3]) Kisch S. 269.

[2]) Vgl. Kisch Bd. III S. 270 Anm. 17. — Im Gegensatz hierzu: Teilweise das frühere Schrifttum, das jedoch veraltet ist, da vor 1919.

[4]) Nach § 151 Abs. 2 VVG. tritt bei der Haftpflichtversicherung auch der Pächter ein, der den Betrieb unmittelbar vom versichernden Eigentümer gepachtet hat.

[5]) Kisch Bd. III S. 291; Vgl. auch Cahn S. 37; Kroemer S. 57; Bruck § 79/1.

Fortdauer der Deckung aus praktischen Gründen für erforderlich erachtet, sind hier ebenso gegeben, wie wenn die Sache selbst einem andern zu Eigentum übertragen wird.

§ 15.
Veräußerung von Rechten.

Auf Seite 20 wurde als Voraussetzung für eine Veräußerung ein auf Übertragung des Eigentums gerichteter Wille der Kontrahenten festgestellt. Da aber die Versicherbarkeit eines Rechtsgutes nicht vom Eigentum, sondern vom Interesse abhängt, so gibt es bei der Objektversicherung neben der Sachversicherung noch die Versicherung immaterieller Rechtsgüter, obwohl es an unkörperlichen Gegenständen ein Eigentum nicht gibt. Auch wenn die Innehabung der Forderung an das Eigentum an einem Wertpapier geknüpft ist, ist nicht das Papier als Sache, sondern die Forderung als solche versichert. Eine wörtliche Anwendung der §§ 69ff. scheint daher nicht möglich. Versicherungen dieser Art sind die Hypotheken-, Kursverlust- und Kreditversicherung[1]). Neben diesen Versicherungen von Rechten gibt es noch solche gegen allgemeine Vermögensgefahren, wie die Haftpflicht- und die Rückversicherung, ebenso die Chomageversicherung, d. h. die Versicherung gegen die zeitweise Nichtverwendung von Gegenständen. Bei diesen Versicherungsarten läßt sich die Frage des Übergangs der Versicherung nicht aus der Gefahrtragung beantworten, denn der Satz casum sentit dominus verliert hier seine Bedeutung. Hinzu kommt noch, daß der Wortlaut des § 69 von der versicherten „Sache“ spricht, woraus eine Anzahl Schriftsteller[2]) die Absicht des Gesetzgebers ableiten, die Veräußerung nur auf die Sachversicherung zu beschränken. Bestärkt wird diese Anschauung noch durch die Bemerkung der Begründung (§§ 149, 150 VVG.), daß die §§ 69—73 zur Voraussetzung hätten, daß die Versicherung eine Sache betrifft.

Es besteht jedoch keine Veranlassung zu dieser engen Auslegung. Im ersten Teil dieser Arbeit wurde bereits darauf hingewiesen, daß Begriffsdefinitionen des BGB. nicht ohne Weiteres auch im Versicherungsrecht Geltung haben. Wenn daher § 90 BGB. Sachen im Sinne des Gesetzes als körperliche Gegenstände definiert, — so darf nicht gefolgert werden, daß diese Vorschrift für jede Rechtsnorm Geltung haben soll (vgl. § 2 EGBGB.). Die Ausdrucksweise „im Sinne des Gesetzes“ im Gegensatz zu: „im Sinne dieses Gesetzes“ in § 1318 BGB. spricht allerdings für diese Absicht.

Eine solche Folgerung würde jedoch bewirken, daß abgetretene Forderungen jedes Versicherungsschutzes ermangelten. Wenn Zweck des § 69 Beseitigung eines Schwebezustandes ist, so sind dessen Voraussetzungen hier ebenso gegeben wie bei der Veräußerung körperlicher Sachen. Ob man den Eintritt des Zessionars in die Versicherung der erworbenen Forderung konstruiert mittels „entsprechender“ Anwendung des § 69 wie Vorwerk[3])

---

[1]) Bruck § 1 Anm. 2; Cahn S. 37.
[2]) Kroemer S. 31; Schneider Komm. § 69 Vorb.; Burchard LZ. 1911S. 229ff.
[3]) § 3.

dies tut, oder ob man die Veräußerung von Rechten unter den Begriff der Veräußerung des § 69 subsumiert, wie es hier im Anschluß an Cahn[1]) und Bruck[2]) getan werden soll, ist im Ergebnis dasselbe. Wo eine Rechtslage einer anderen analog behandelt wird, findet im Sinne einer begrifflichen Abgrenzung tatsächlich Unterordnung unter den Begriff der ersteren statt.

Eine Veräußerung liegt aber in Ansehung von Forderungen da nicht vor, wo diese kraft Gesetzes auf den Erwerber übergehen. Diese in Analogie zur Sachversicherung selbstverständliche Ausnahme wird praktisch im Falle der cessio legis, wenn ein Bürge oder Gesamtschuldner für einen Dritten eine Schuld bezahlt hat. Die vom ursprünglichen Gläubiger genommene Kreditversicherung geht daher dort nicht auf den Bürgen über. Durch die Vorschrift des § 74 VVG., welche die Zwangsversteigerung der Veräußerung gleichstellt, erklärt der Gesetzgeber schon, daß an sich diese begrifflich keine Veräußerung ist. Vielmehr wird hier durch behördlichen Akt übereignet[3]).

Freiwillige Versteigerung dagegen ist echte Veräußerung durch Vertreter, und daher auch geeignet, den Eintritt des Erwerbers zu vermitteln. —

§ 16.
Schluß.

Die (hiermit abgeschlossene) Untersuchung bemühte sich zu zeigen, daß aus dem Begriff des Interesses heraus der Versicherungsvertrag einen anderen Inhalt verlangt als das BGB. für den Tatbestand: „Veräußerung“. Mit dem Gesagten sollte versucht werden, der mißverständlichen Fassung der Gesetze durch ausdehnende, — ja im Grunde nur erklärende Auslegung zu einem sinnvollen, d. h. mit dem Interesseprinzip zu vereinbarenden, Inhalt zu verhelfen.

De lege ferenda wäre zu empfehlen, die Ausdrücke „Versicherte Sache‘, und „Während der Dauer seines Eigentums“ fortzulassen, und anstelle des schlichten aber unklaren Begriffs „Veräußerung“ (der durch die Gefahr der Analogie zum BGB. an Klarheit nicht gewinnt) auf den infolge Veräußerung eintretenden Gefahrübergang abzustellen.

In dieser Hinsicht sind das Schweizer Bundesgesetz über den Versicherungsvertrag und das holländische Wetboek van Koophandel als Vorbilder zu empfehlen. Im ersteren, das unserm VVG. um einen Monat voranging, wird[4]) statt von der „versicherten Sache“ folgerichtig nur vom „Gegenstand der Versicherung“ gesprochen. Auch der Begriff „Handänderung“, der dort für Veräußerung eingeführt wurde, kommt einer sinngemäßen Auslegung stark entgegen.

Nicht erforderlich ist eine solche Auslegung dort, wo das Gesetz bereits Begriffe verwendet, die der Eigenart des Versicherungsrechts Rechnung tragen. Das gilt für das holländische Wetboek van Koophandel, dessen

---

[1]) S. 40.
[2]) § 69 Anm. 2.
[3]) Kisch S. 275.
[4]) Art. 54.

§ 263 den Erwerber und neuen Interessenten mit dem Gefahrübergang in den Versicherungsvertrag eintreten läßt.

Die in dieser Arbeit gezogenen Folgerungen und ihre Ergebnisse für die Praxis werden — zumal in den Reihen der Rechtsprechung — manchem Widerspruch begegnen. Sehr zu Unrecht, weil es sich nur um letzte und notwendige Konsequenzen aus einer allgemein anerkannten Rechtsanschauung handelt. Es ist undenkbar, daß nicht der Tag kommt, an dem auch die Rechtsprechung erkennt, daß es nur der letzte Ausläufer einer veralteten Anschauungsweise war, den sie solange zum Schaden des Versicherungswesens verteidigt hat.

Gesetz über die privaten Versicherungsunternehmungen vom 12. Mai 1901. Textausgabe mit Anmerkungen und Sachregister. Von Dr. jur. h. c. Heinrich Koenige. Dritte, umgearbeitete Auflage von Dr. jur. h. c. Heinrich Koenige, Senatspräsident am Reichsgericht i. R., und A. Petersen, Oberregierungsrat, Direktor des Preußischen Beamtenvereins zu Hannover, seither ständiges Mitglied des Reichsaufsichtsamts für Privatversicherung. Taschenformat. 856 Seiten. 1927. Geb. 20.—
(Guttentagsche Sammlung Deutscher Reichsgesetze Bd. 62.)

Reichsgesetz über den Versicherungsvertrag nebst dem zugehörigen Einführungsgesetz vom 30. Mai 1908. Von Dr. P. Hager und Dr. E. Bruck. Fünfte, vollkommen neubearbeitete Auflage von Dr. E. Bruck, Geh. Regierungsrat, o. Professor für Versicherungswissenschaft an der Universität Hamburg. Taschenformat. X, 538 Seiten. 1926. Vergriffen
(Guttentagsche Sammlung Deutscher Reichsgesetze Bd. 83.)

Veröffentlichungen des Reichsaufsichtsamts für Privatversicherung. Groß-Quart. Jahrgang I—II. Je 2.50. Jahrgang. III—XVI. Je 6.—. Jahrgang XVII bis XXI. Je 7.50. Jahrgang XXII. 15.—. Jahrgang. XXIII. 18.—. Jahrgang XXIV. 21.—. Jahrgang XXV. Heft 1. 7.50. Heft 2. 14.—. Heft 3. 12.—. Gesamtregister für die Jahrgänge 1902—1911. Groß-Quart. 62 und 32 Seiten. 1913. 4.—
„Ein äußerst sorgfältiges und umfassendes statistisches Werk über alle Verhältnisse der in Deutschland arbeitenden Versicherungsunternehmungen."
Leipziger Zeitschr. f. Handels-, Konkurs- und Versicherungsrecht.

Versicherungsstatistik für 1902 über die unter Reichsaufsicht stehenden Unternehmungen. Herausgegeben vom Reichsaufsichtsamt für Privatversicherung. Lexikon-Oktav. LXXVII, 384 Seiten. 1905. 10.—
— für 1903. LXXVI, 388 Seiten. 1906. 10.—
— für 1904. LXXX, 403 Seiten. 1907. 10.—
— für 1905. LXXX, 408 Seiten und 1 Tafel. 1908. 10.—
— für 1906. LXXX, 408 Seiten und 1 Tafel. 1908. 10.—
— für 1907. 68 und 331 Seiten und 1 Tafel. 1909. 10.—
— für 1908. 68 und 331 Seiten und 1 Tafel. 1910. 10.—
— für 1909. 80 und 360 Seiten und 1 Tafel. 1911. 10.—
— für 1910. 82 und 360 Seiten. 1912. 10.—
— für 1911. 80 und 391 Seiten. 1913. 10.—
— für 1912. 84 und 402 Seiten. 1914. 10.—
— für 1913. 84 und 402 Seiten und 1 Tafel. 1916. 10.—
— für 1914. 84 und 393 Seiten und 1 Tafel. 1918. 10.—
— für 1915. 81 und 393 Seiten und 1 Tafel. 1919. 10.—
— für 1916. 82 und 394 Seiten und 1 Tafel. 1921. 10.
— für 1917. 81 und 394 Seiten. 1922. 10.—

Gefährliche Güter als Seefracht. Von Kapitän zur See a. D. Schmaltz, Oberregierungsrat. Teil I: Gesetzliche Vorschriften für die Seeverfrachtung gefährlicher Güter im Auszuge. Teil II: Technische Erläuterungen zu den Stoffen des Güterverzeichnisses der Seefrachtordnung unter besonderer Berücksichtigung ihrer Zusammensetzung und gefährlichen Eigenschaften nebst Beispielen aus Seeunfällen. Für Schiffsoffiziere, insbesondere Ladungsoffiziere, Verlader und Verfrachter. Neue, durch Nachträge vermehrte Ausgabe. Groß-Oktav. VI, 152 und 10 Seiten. 1925. 3.—

Druck von J. J. Augustin in Glückstadt und Hamburg

FSC
www.fsc.org
MIX
Papier | Fördert
gute Waldnutzung
FSC® C083411

Kolibri 360 GmbH
Ferdinand-Jühlke-Straße 7
99095 Erfurt, Deutschland
produktsicherheit@kolibri360.de